TILO BONOW

# LIGHT YOUR FIRE!

## PERSONAL BRANDING
## FÜR MACHER:INNEN
## UND VISIONÄR:INNEN

**Tilo Bonow**
Light your Fire!
Personal Branding für Macher:innen und Visionär:innen
1. Auflage 2021
© BusinessVillage GmbH, Göttingen

**Bestellnummern**
ISBN 978-3-86980-578-8 (Druckausgabe)
ISBN 978-3-86980-579-5 (E-Book, PDF)
ISBN 978-3-86980-593-1 (E-Book, EPUB)


Direktbezug unter www.BusinessVillage.de/bl/1112

**Bezugs- und Verlagsanschrift**
BusinessVillage GmbH
Reinhäuser Landstraße 22
37083 Göttingen
Telefon:    +49 (0)5 51 20 99-1 00
Fax:        +49 (0)5 51 20 99-1 05
E-Mail:     info@businessvillage.de
Web:        www.businessvillage.de

**Layout Umschlag**
Ayhan Yuruk und Hendrik Bonow

**Autorenfoto**
Robert Lehmann

**Layout und Satz Buchblock**
Sabine Kempke

**Druck und Bindung**
Eberl & Koesel GmbH & Co. KG, Altusried

# Inhalt

# Über den Autor

Tilo Bonow ist Kommunikationsexperte, Keynote Speaker und Investor. Als Gründer und CEO von PIABO PR – dem führenden europäischen Full-Service-Kommunikationspartner der Digitalwirtschaft – unterstützt er Zukunftsmacher und Zukunftsmacherinnen mit globalen Ambitionen dabei, ihnen und ihren Geschichten die Aufmerksamkeit zu geben, die sie verdienen und die es braucht, um die Unternehmungen zum Erfolg zu führen. Zu den Kunden von PIABO zählen Tech-Schwergewichte wie Stripe, GitHub, Samsung oder Shopify, Investoren wie die Silicon Valley Bank und europäische Champions wie momox, Cowboy oder withings.

Als wertstiftender Investor in vielen Venture-Capital-Fonds weltweit wie Cavalry Ventures oder HV Capital in Europa, Unlock Ventures in Nordamerika und Cocoon Capital, Infinity Ventures und Kejora in Asien und vielen anderen beschleunigt er mit seiner Erfahrung und seinem Netzwerk das Wachstum aufstrebender Unternehmen. Zudem ist er Keynote Speaker auf internationalen Technologiekonferenzen wie der NOAH, DLD, dem Mobile World Congress, TNW sowie aktiver Unterstützer des digitalen Ökosystems als Mentor unter anderem für Plug & Play und Microsoft Ventures. Auf seinem Fachgebiet ist Tilo Bonow selber eine der bekanntesten Personal Brands. Kein Wunder also, dass er und sein Team die authentischen Personal Brands ihrer Kundinnen und Kunden als bedeutenden Teil ihrer Arbeit begreifen und so viele Erfolgsgeschichten schreiben.

## Kontakt

E-Mail: tilo.bonow@piabo.net
Web: piabo.net

Folge mir auch auf LinkedIn, Instagram, Clubhouse, Twitter und Facebook!

# 1.
# Auf ein Wort!

*»Most people are other people. Their thoughts are someone else's opinions, their lives a mimicry, their passions a quotation.«*

Oscar Wilde, 1897

Kennst du das? Du bist bei alten Bekannten zu einer Party eingeladen. Es sind nicht wirklich enge Freunde von dir, aber du kennst sie schon lange, und sie sind ganz nett. Zu ihren Feiern kommen seit zehn Jahren mehr oder minder dieselben Leute. Es läuft dann die gleiche alte Musik wie immer. Italienisches Büfett wie immer, Deko wie immer, es gibt sogar dasselbe Bier und dieselben Weine wie immer. Klingt ein bisschen eingefahren? Immerhin weißt du schon, wie die Sause ablaufen wird. Erst die ruhigeren Hits für den Small Talk, dazu Antipasti und Salzstangen. Mit steigendem Alkoholpegel lautere Musik und vollere Tanzfläche. Und am Ende knutscht die Anne wieder mit dem Andreas. Wie jedes Jahr.

Ist ganz okay, diese Party, oder? Aber das heißt nicht, dass nicht genau jetzt, heute Nacht, irgendwo in deiner Gegend eine noch viel bessere Party steigt. Eine, bei der du nicht vorher schon weißt, was im Verlauf des Abends noch auf dich zukommt. Abgefahrene Location. Exotische Drinks. Musik, die du noch nie vorher gehört hast. Und vor allem spannende Gäste, von denen einige vielleicht neue Freunde werden, vielleicht aber auch neue Businesskontakte, weil ihr miteinander ins Gespräch gekommen seid. Am Ende könnte das Geschäft deines Lebens stehen, ein neuer Job oder ein neuer Auftrag für dein Unternehmen.

Nur leider bist du zu dieser Party gar nicht eingeladen.

Nicht etwa, weil die dich da nicht haben möchten. Man kennt dich da nicht einmal. Und du selber hast auch noch nie von dieser verheißungsvollen Veranstaltung gehört. Selbst wenn du vielleicht davon gehört hättest und dann einfach da aufgetaucht wärst: Jeder will da hin, ist ja schließlich die Party des Abends, vor der Tür gibt es deshalb ein riesiges Gedränge um die Gastgeber, alle schreien durcheinander und winken. Du bist zwar immer ein vorbildlicher

Gast, unterhaltsam und charmant, kotzt nicht auf den Teppich und tanzt passabel. Aber wie sollen die das wissen? Wie sollst jetzt gerade du auf dich aufmerksam machen? Also lässt du es lieber gleich bleiben. Und gehst doch auf die Party deiner alten Freunde.

So geht es uns allen oft im Leben: Wir geben uns mit dem zufrieden, was wir haben und tun. Erstens weil wir das kennen und weil es doch einigermaßen läuft. Und zweitens, weil uns die Weiterentwicklung viel zu kräftezehrend vorkommt, vielleicht sogar zu schwer. Das gilt für unsere Freizeit – und erst recht für das Berufsleben. Deine Stelle ist sicher, die Kollegen sind erträglich, die Firma ist vielleicht nicht Weltspitze, aber immerhin solides Mittelfeld. Du hast deinen Kundenstamm. Du machst dein Ding. Warum etwas ändern? Vielleicht wird es dann ja schlechter als vorher? Es gibt Sprichwörter und Redewendungen für diese Haltung:

Never touch a working system.
Schuster, bleib bei deinen Leisten.
Lieber den Spatz in der Hand als die Taube auf dem Dach.

Allerdings bekommen wir, um jetzt mal bei der letzten Redewendung zu bleiben, diese Taube auf dem Dach, die hier für Möglichkeiten, Gelegenheiten und Chancen steht, häufig ja noch nicht mal zu Gesicht. Wir wissen darum gar nicht, welche Möglichkeiten wir überhaupt verpassen, während wir vorsichtshalber alles so lassen, wie es ist. Und selbst wenn wir die Gelegenheit sehen würden: Das tun tausend andere auch, und jeder strampelt sich ab, will zu ihr hochklettern, um sie sich zu schnappen. Dabei sollst gerade du erfolgreich sein?

Klingt unmöglich? Ist es nicht.

Du kannst dafür sorgen, dass du dich nicht nach den Chancen strecken musst, sondern dass sie dir von selbst ins Haus geflattert kommen. Natürlich nicht vorrangig Einladungen zu Partys. Das steht hier nur stellvertretend für alle

Möglichkeiten, Gelegenheiten und Chancen. Sondern neben vielem anderem auch ein Vorstellungsgespräch für einen neuen, spannenderen Job. Eine Beförderung. Ein lukrativer Auftrag. Neue Kunden. Mehr Absatz, mehr Umsatz, mehr Gewinn. Oder auch schlicht neue Erfahrungen, neue Lernkurven, neue Fans und Follower. Irgendwann ploppen dein Name und deine Story im Kopf von Kollegen oder Headhuntern, Vorgesetzten oder potenziellen neuen Kunden auf, wenn sie auch nur an deinen Fachbereich denken. Und jeder sagt über dich und meint das rein positiv:

»Der oder die ist eine echte Marke.«

Diese Redewendung können wir ganz wörtlich nehmen: Du kannst, oder besser gesagt: dein Name kann zu einer Marke werden. Zu einer persönlichen Marke, einer Ich-Marke, einer Personenmarke.

Du hast dann und du bist dann: eine Personal Brand.

Was das heißt? Personal Branding meint deine bewusste und strategische Positionierung in der Wahrnehmung deiner Zielgruppe als Autorität mit bestimmten Werten, Erfahrungen, Kompetenzen und Errungenschaften auf einem klar umrissenen Fachgebiet – was dich dann eindeutig von anderen (Wettbewerbern, Mitbewerbern, Kollegen) absetzt.

Das kann ein Make-or-break für deine Karriere und deine persönliche Weiterentwicklung sein. Denn fast überall dürften künftig immer weniger Generalisten gefragt sein. Vielmehr werden zunehmend Spezialisten und echte Expertinnen gesucht. Mit einer Personal Brand nehmen dich dein Umfeld, deine Öffentlichkeit oder deine Branche wahr – als jemand, der oder eben als Marke, die für etwas steht, etwas kann, etwas weiß, etwas erreicht hat. Damit stichst du aus der Masse heraus. Du positionierst dich eindeutig. Du machst Menschen ein Angebot, egal, ob das nun Vorgesetzte oder Kunden sind. Es lautet: Seht her, dies kann ich und weiß ich – meldet euch gern, wenn ich euch damit weiterhelfen kann.

Das geschieht nicht von allein, sondern dafür sind ein paar wohlüberlegte Schritte nötig. Du überlegst dir, wie deine Geschichte lautet. Du überlegst dir, wem du diese Geschichte erzählen möchtest. Du definierst, wie du deine Geschichte erzählen wirst. Du legst fest, über welche Kommunikationskanäle andere von dir und deiner Geschichte hören sollen. Und wenn du all das einmal geschafft hast, dann bleibst du am Ball und erzählst diese Geschichte immer weiter und immer wieder neu.

Die eigene Personal Brand ist so etwas wie das Erfolgsgeheimnis von wirklich erfolgreichen Machern und Entrepreneuren. Mit einer sauber geplanten, gut angelegten, eindeutig positionierten und beharrlich bespielten Personal Brand sind diese bei den für sie wichtigen Menschen im Gespräch. Und sie tun noch etwas: Sie achten darauf, im Gespräch zu bleiben.

Wenn du auch genau das erreichen möchtest, dann hilft dir dieses Buch. Es hilft dir aber anders, als du es vielleicht erwartest. Du bekommst von mir keine Patentlösungen. Ich sage dir auch nicht »Mach es wie Bill Gates, Elon Musk oder Steve Jobs«. Das ist Quatsch. Personal Branding baut immer auf Authentizität und deiner ganz persönlichen Leistung und deinen Fähigkeiten auf. Und die sind bei dir eben andere als bei anderen Menschen. Eben darum habe ich mich auch dagegen entschieden, hier ausführlich die immer gleichen Geschichten zu erzählen von etablierten Unternehmenslenkern und wohlbekannten Unicorns. Diese Geschichten hat nicht nur jeder schon tausend Mal gehört. Sie lassen sich auch nicht übertragen, weil nun mal jeder Mensch einzigartig ist. Stattdessen setze ich überwiegend auf praktische Beispiele aus meinem Arbeitsalltag, die ich anonymisiert habe. Ich will dich lieber dazu inspirieren, deinen eigenen Weg zu finden.

Und wie findest du ihn? Neben einer beruflich-inhaltlichen Substanz, die überzeugt, brauchst du eine Methodik, also das Wissen darum, wann welche Schritte notwendig sind. Darum findest du hier grundlegende Strategien, die jedem und jeder weiterhelfen können – egal ob Berufseinsteiger oder Top-Managerin. Dieses Buch erklärt sie dir in vier praktischen Schritten: Dabei verwende ich an vielen Stellen männliche und weibliche Formen gemischt. Wo ich das mal nicht tue, sind selbstverständlich trotzdem immer Männer wie Frauen gemeint.

Erstens: Zu Beginn unterstütze ich dich dabei, überhaupt erst mal herauszufinden, wie du deine Marke definierst. Deinen Markenkern, wie wir Marketingprofis sagen. Also: Wer bist du? Was macht dich aus? Worin bist du Expertin oder Experte? Was sind deine Stärken, über die nur du verfügst? Wie kannst du damit andere bereichern – was dann wiederum dich weiterbringen würde, beruflich wie privat? Hier geht es um Eindeutigkeit und Festlegung, darum steht dieser Abschnitt unter dem Begriff:

»klar«.

Zweitens: Wenn du deinen Markenkern gefunden und herausgearbeitet hast, betrachten wir gemeinsam, wie du deine Marke aufbaust. Das meint vor allem, über welche Kanäle und mit welchen Mitteln du deine Personal Brand zu deiner Zielgruppe bringen kannst – von Bühnenauftritten bis Social-Media-Postings. Und zu welcher Zielgruppe du sie überhaupt bringen möchtest. Weil es dabei besonders darauf ankommt, dass du glaubwürdig und authentisch bist und bleibst, steht dieser Abschnitt unter dem Begriff:

»kredibel«.

Drittens: Im dritten Schritt überlegen wir gemeinsam, mit welchen Inhalten du die Kanäle füllst, um so deinen Markenkern zu deiner Zielgruppe zu bringen und dadurch deine Stärken zu vermitteln. Wir schauen uns an, wie du andere Menschen am besten über Storytelling erreichst. Wir überlegen gemeinsam, ob es okay ist, mit den Inhalten auch mal auf den Tisch zu hauen und zu polarisieren. Diese Inhalte sollten natürlich nicht irgendwann in diese und kurz darauf in jene Richtung laufen, sondern immer auf deine Positionierung einzahlen. Darum steht dieser Abschnitt unter dem Begriff:

»konsistent«.

Viertens: Markenkern identifiziert, Inhalte zusammengestellt, Kanäle befüllt – es läuft alles? Dann sorgen wir dafür, dass es auch so bleibt! Deshalb dreht sich der vierte und letzte Abschnitt darum, wie es ab hier weitergeht. Also: Welche kurzfristigen, mittelfristigen und langfristigen Ziele kannst du dir setzen und verfolgen? Wie gehst du mit Gegenwind um, mit Gegnern und Kritikern? Ist ihr Auftreten ein schlechtes Zeichen für deine persönliche Marke? Oder ein gutes? Und bist du irgendwann am Ziel? So viel sei schon mal verraten: Es kommt jetzt darauf an, dass du durchhältst, am Ball bleibst, immer weitermachst. Also: Nein, du bist nie wirklich am Ziel. Dieser vierte Abschnitt steht darum unter dem Begriff:

»kontinuierlich«.

Klar, kredibel, konsistent, kontinuierlich – das sind die »4 k« des Personal Branding.

»Alles schön und gut, aaaber!« Ich höre schon mindestens drei Einwände. Der erste lautet: »Geht es bei Personal Branding nicht einfach nur um Selbstdarstellung? Um Eitelkeit und Egomanie?«, Zweitens werden andere an dieser Stelle einwerfen: »Ich will keine Marke werden, ich bin doch kein Produkt aus der Fabrik, sondern ich bin ich!«. Und drittens entgegnen jetzt diejenigen, die selber etwas herstellen oder anbieten und verkaufen: »Ich lasse lieber mein Produkt (beziehungsweise meine Dienstleistung) für sich sprechen – Qualität wird sich schon durchsetzen.«

Jeder dieser Einwände ist nachvollziehbar. Aber jeder dieser Einwände lässt sich entkräften. Fangen wir von hinten an: Sein Produkt für sich selbst sprechen lassen, damit es über Qualität Kundinnen und Kunden überzeugt – das ist ein schönes und ehrliches Konzept. Es passt gut zur deutschen Kultur der Zurückhaltung und Bescheidenheit. Die unschöne Wahrheit ist aber auch, dass dieses Konzept heute quasi nicht mehr funktioniert. Schon allein weil ein Produkt oder eine Dienstleistung selber ja gar nicht sprechen können. Vor allem aber, weil so viele andere schon Lärm machen. Und du kannst die besten Produkte und Dienstleistungen haben, das am höchsten qualifizierte Team, die ausgefeiltesten Tools und Prozesse – wenn niemand davon hört, wird dir das alles nichts bringen. Du darfst, nein: du solltest anderen davon erzählen, wer du bist und was du besonders gut kannst.

Und du willst in deinem Job vielleicht Produkte oder Dienstleistungen verkaufen? Aber selber kein Produkt werden, abgepackt, normiert, leicht konsumierbar? Gutes Personal Branding möchte dich gar nicht zu einem Produkt machen. Sondern im Gegenteil: Es geht dabei darum, das zu finden und herauszustellen, was dich als Individuum besonders macht, was dich von allen anderen absetzt. Personal Branding ermutigt dich dazu, deine eigene, ganz persönliche Geschichte zu erzählen. Aber nur die! Denk dir nichts aus und erfinde nichts dazu, um dich in ein besseres Licht zu stellen oder dich als etwas zu inszenieren, das du gar nicht bist. Personal Branding basiert auf Ehrlichkeit und Authentizität. Und die wiederum basieren auf herausragender Leistung, auf außergewöhnlichen Fertigkeiten, Erfahrungen oder Know-how. Das ist die Grundlage. Ohne sie ist man nur ein Schreihals.

Eben darum wird erfolgreiches Personal Branding ja auch nie von Eitelkeit, Angeberei und Posertum angetrieben, wie der erste Einwand befürchtete. Erfolgreiche Personal Brands stolzieren nicht wie ein eitler Pfau durch den Raum und texten andere rücksichtslos mit ihren Themen voll. Es geht hier nicht um Werbung für das eigene Tun (sonst hieße es ja auch »Personal Advertising«). Es geht darum, dass du dich klar mit den Themen positionierst, die dir wichtig sind und für die du brennst. Damit baust du verlässliche Beziehungen zu anderen Menschen auf. Genau genommen dreht sich Personal Branding also nicht mal um dich. Sondern um alle Menschen um dich herum – wie du sie unterstützen kannst, was du ihnen anbieten kannst.

Natürlich wirst du mit Personal Branding auch Ziele verfolgen. Mehr Kunden, neue Aufträge, eine Beförderung, was auch immer. Das ist vollkommen legitim. Welches Ziel du genau verfolgst, das kannst und musst du selber festlegen. So unterschiedlich diese Ziele sind, so unterschiedlich sind auch die Personengruppen, die Personal Branding für sich nutzen können. Sicher ist: Eine Personal Brand ist ein Thema für fast jeden und jede, der und die andere erreichen möchte, von Jobsuchenden bis zu Manager:innen.

Dieses Buch wendet sich besonders an Menschen, die ich »Zukunftsmacher« nenne. Du bist vielleicht gerade jetzt dabei, wirklich Verantwortung zu übernehmen. Du hast vielleicht ein neues Unternehmen gegründet, das du zu Wachstum und Profit führen möchtest. Du trittst möglicherweise die Nachfolge in deinem Familienunternehmen an. Du rückst zum ersten Mal auf eine Stelle vor, bei der du für andere Mitarbeiterinnen und Mitarbeiter verantwortlich bist, als Projektleiterin oder Abteilungsleiter oder vielleicht sogar als CEO. Oder du willst künftig einfach mehr erreichen, mehr bewegen, mehr Menschen ansprechen. Dann bist du ein Zukunftsmacher. Denn du wirst in Zukunft unser Leben und unsere Arbeit, unsere Wirtschaft und unsere Kultur mitbestimmen – durch neue Technologien, durch neue Herangehensweisen, durch eine neue Denke. Du bist ein Agent des Wandels. Dabei musst du andere Menschen mitnehmen. Sie müssen dir vertrauen, sich mit dir auf die Reise begeben wollen. Und das werden sie, wenn du eine klar positionierte Personal Brand hast, die sie anspricht und zu der die Menschen eine Beziehung aufbauen können.

Tiefere, festere Beziehungen bauen Vertrauen und Loyalität auf. Dafür zeigen Menschen Aufmerksamkeit, zollen Respekt und zahlen letztlich auch Geld. Das Anlegen einer klaren, krediblen, konsistenten und kontinuierlich gepflegten Personal Brand ist darum einer der wichtigsten Schritte, die jeder beruflich Tätige für sich tun kann. Ganz besonders gilt all dies für weibliche Berufstätige, die meiner Erfahrung nach ihr Licht allzu oft unter den Scheffel stellen, anstatt andere an ihrem Können und Know-how teilhaben zu lassen. Personal Branding kann Angestellte als Expertinnen positionieren oder Manager als Vordenker.

Was du nie übersehen darfst: Deine persönliche Marke gibt es so oder so. Sie entsteht aus der Summe all der Geschichten, die andere über dich hören oder erzählen. Nimm darum die Zügel in die Hand und erzähl deine eigene Version deines besten Ichs, bevor andere womöglich falsche Versionen davon erzählen. Etwas erzählen werden sie auf jeden Fall. Denn am Ende des Tages interessieren sich Menschen nicht am meisten für Produkte, für Unternehmen, für Technologien oder für Branchen, sondern für ... Geschichten über andere Menschen. Die dann natürlich schon mit Produkten, Unternehmen, Technologien oder Branchen zu tun haben können. Aber zuallererst wollen Konsumenten heute die Geschichte des oder der Menschen hinter den Produkten und Dienstleistungen hören. Und dasselbe gilt auch für den neuen Chef, den Jobbewerber oder den Gründer mit der spannenden Geschäftsidee. Wir wollen wissen: Wer ist das?

Warum? Weil Menschen von Menschen kaufen. Menschen stellen Menschen ein. Menschen verhandeln, sprechen, arbeiten, leben mit anderen Menschen. Und wem man vertraut, wen man mag, wen man kennt und wiedererkennt, mit dem setzt man sich lieber an einen Tisch als mit einem Unbekannten.

Darum also: Tue Gutes und rede darüber. Oder genauer gesagt: Tue etwas sehr gut und erzähle dann den Leuten davon. Das funktioniert. Personal Branding ist das beste Mittel, mit dem du deine Geschichte auf den Punkt und dann zu den Leuten bringen kannst.

Warum ich da so sicher bin?

# 2.
# Hier ist meine Geschichte

»Was ist eigentlich unser Produkt?« »Was ist eigentlich unsere Story?« Schon bei einem meiner ersten Praktika habe ich mir und meinen Kollegen ständig diese Fragen gestellt. Damals, noch zur Schulzeit, arbeitete ich bei einem Unternehmen, das riesige Beschallungs- und Lautsprecheranlagen für Fabriken, Flughäfen, Shopping Center oder Polizei und Feuerwehr herstellt. Damit können Menschen in großen Gebäuden Durchsagen machen oder Sicherheitshinweise geben. Das Unternehmen gibt es heute noch. Ich half im Sales Team mit, Seminare und Workshops für die Verkäufer zu konzipieren. Und schon damals, als Jugendlicher, war mir klar, dass die Firma eigentlich nicht Lautsprecher, Verstärker und Mikrofone verkauft. Sondern dass das Produkt in Wirklichkeit Sicherheit ist. Das ist die eigentliche Story! Schließlich können wegen dieser Anlagen Menschen sicher arbeiten, shoppen oder reisen. Die Anlagen lassen andere darauf vertrauen, dass alles seinen geordneten Gang geht. Diese Sichtweise habe ich mit den Sales-Experten des Herstellers diskutiert. Wir waren uns einig darüber, dass sie nicht einfach nur Lautsprecher verkaufen, sondern dass sie mit diesen Geräten einen wichtigen gesellschaftlichen Beitrag leisten. Und so haben die Verkäufer das dann auch an ihre Kunden weitergegeben. Vorher hatten viele von ihnen jede Schraube und jede Platine erklärt. Das waren mitunter zu viele Infos, und der eigentliche Punkt kam gar nicht an. Erst die Story hat die Interessenten wirklich emotional mitgenommen – und damit auch den Absatz deutlich gesteigert. Mein Praktikum wurde dann mehrfach verlängert, ich habe sogar eine Gehaltserhöhung bekommen.

Schon damals habe ich also gewusst, dass sich Menschen leichter begeistern lassen, wenn man Fakten nicht nur nüchtern runterrattert. Sondern wenn man diese Fakten in emotionale Geschichten verpackt. Und ebenfalls schon früh war ich fasziniert von Technologie und Innovationen, die mein Leben und das aller anderen Menschen verändern. Davon wollte ich erzählen. Ich wusste ja, dass Menschen gern Geschichten hören. Und das nicht nur über die Technologien selber. Denn mir war irgendwann klar geworden, dass die spannendsten dieser Geschichten von anderen Menschen handeln. Darum fing ich bald an, mich mit den Macherinnen und Machern hinter Innovationen und Zukunftstechnologien zu beschäftigen. Mit ihrem Schaffensdrang prägen diese Menschen unsere Zukunft – wie wir leben, wie wir arbeiten, wie wir als Gesellschaft miteinander umgehen und kommunizieren. Doch auf ihrem Weg zum Erfolg können diese Zukunftsmacher Unterstützung gebrauchen, um die Aufmerksamkeit zu bekommen, die sie verdienen. Und um andere Menschen auf diesem Weg mitzunehmen.

Aufgrund meiner Leidenschaft für Kommunikation war es nur folgerichtig, dass ich bald bei einer Werbeagentur arbeitete, die Kampagnen für die damals aufkommende IT-Wirtschaft auf die Beine stellte, unter anderem für den ersten Internetprovider im Bundesland Brandenburg oder für einen der ersten Onlineshops überhaupt. Diese Kampagnen sollten Neugier und Begeisterung für innovative Produkte und Services entfachen, für Technologie, technologische Unternehmen und das Internet. Aber mir reichte dieses Plakative der Werbung bald nicht mehr, hier mal ein Plakat, da mal ein Event oder eine Roadshow. Da musste mehr möglich sein. Also wechselte ich zu einer PR-Agentur, die unter anderem die Kommunikation für einen der ersten Venture-Capital-Fonds in Berlin übernommen hatte, der Technologieunternehmen unterstützte. Damit war ich schon näher an meinem Ziel: PR und Kommunikation über Zukunftsmacher und ihre Technologien, für Journalisten, Blogger, Multiplikatoren und andere Stakeholder. Dazu gehörte natürlich auch ein klares, kredibles, konsistentes und kontinuierliches Personal Branding der Zukunftsmacher selber.

Im Jahr 2002 wechselte ich dann als Global Head of Communications zum damaligen Konzern der Samwer-Brüder. Die drei Samwer-Brüder sind für viele Menschen in der Internet- und Start-up-Szene so etwas wie lebende Legenden. Sie hatten bereits im letzten Jahrhundert erfolgreich das Online-Auktionshaus Alando gegründet, das nach seinem Verkauf zu eBay Europa wurde. Ihr Geld hatten sie dann in Tech- und Internet-Unternehmen investiert. 2002 gab es noch keine Smartphones, dafür boomte das Geschäft mit Klingeltönen für Handys. Und das Berliner Erfolgstrio baute unter anderem den seinerzeit größten europäischen Anbieter von Klingeltönen und Handyanwendungen auf: Jamba. Dazu kam neben vielen anderen Gründungen noch die Beteiligungsgesellschaft European Founders Fund. Für den Konzern und viele seiner Investments habe ich die gesamte Unternehmenskommunikation, Produktkommunikation und politische Kommunikation aufgebaut und geleitet. Mit dazu gehörte damals natürlich auch das Personal Branding der Samwer-Brüder und ihre Etablierung als erfolgreiche Gründer in den Köpfen der Menschen. Ich bin sehr dankbar für diese Zeit. Durfte ich doch eng mit erfolgreichen Zukunftsgestaltern, die ständig Ideen für neue weltverändernde Produkte und Services haben, zusammenarbeiten. Es war prägend und spannend, jeden Tag aufs Neue den Status quo zu hinterfragen und mit Menschen Zeit zu verbringen, die wirklich etwas aufbauen und bewegen.

Nach vier Jahren wollte ich dann unter eigener Regie mehr bewegen und habe mich darum mit meinem Know-how, meiner Erfahrung und meinen Kontakten selbstständig gemacht: 2006 gründete ich in Berlin meine Agentur PIABO. »Pi« für die unendliche Zahl, den nicht endenden Erfolg und die Zukunft und »Bo« für meinen Nachnamen, Bonow. PIABO bietet heute eine Plattform, auf der die besten und schlausten Unternehmer:innen der Welt sowie ihre Investoren und Partner zusammenkommen können. Unsere Kunden sind Tech-Schwergewichte wie Shopify, Stripe, GitHub, Evernote, Samsung oder die Silicon Valley Bank. Wir sind heute einer der führenden Fullservice-PR-Partner der Digitalwirtschaft in Europa und unterstützen Zukunftsmacher bei allen Themen rund um ihre Kommunikation, seine es bei Public Relations, Social Media, Content Marketing oder Influencer Relations.

So helfen wir Zukunftsmachern dabei, ihre Geschichten zu erzählen, sich zu positionieren und zu profilieren. Sei es nun, um Investoren zu gewinnen oder die besten Talente, Kunden, potenziellen Partner und Lieferanten anzusprechen. Über diese Themen spreche ich auch als Keynote Speaker auf internationalen Technologiekonferenzen sowie als Mentor für Gründer.

Durch unzählige Projekte weiß ich heute, was ich früher als Schüler eher nur geahnt habe: Menschen überzeugt und berührt man am besten mit Geschichten. Eine Spielart erfolgreichen Kommunizierens sind Geschichten über die

Menschen hinter innovativen Produkten und Dienstleistungen. Also Geschichten der Zukunftsmacher. Das gilt für den Gründer eines Tech-Start-ups ebenso wie für einen Mittelständler, der jetzt das Thema Digitalisierung anpackt, oder für die aufstrebende Abteilungsleiterin in einem Konzern. Immer kommt es auf den Menschen an, der da vorn steht und andere Menschen mitreißen muss, ob diese anderen nun Investoren sind, potenzielle Kunden oder die eigenen Kollegen und Mitarbeiter.

Eben darum spielt Personal Branding eine absolute Schlüsselrolle. Zukunftsmacher wollen und müssen auf ihrem Weg andere mitnehmen. Und dafür muss er oder sie mit seinen oder ihren Botschaften und Visionen etwas darstellen und für etwas stehen. Wer sich mit einer Personal Brand klar, konsistent und kredibel positioniert und diese Marke dann kontinuierlich weiterführt, der zeigt anderen, welche Dinge ihm wichtig sind.

Er oder sie zeigen, für welche Werte sie stehen.
Er oder sie zeigen, was sie antreibt.
Er oder sie zeigen, wohin sie wollen.

So gewinnt man das Vertrauen aller Beteiligten für sich und das eigene Projekt. Wenn zum Beispiel ein Start-up loslegt, dann hat es ja oft erst mal noch nicht viel. Eine gute Idee, eine Powerpoint-Präsentation und eine Internetdomain vielleicht. Vor allem aber den oder die Menschen, die dahinter stehen. Menschen arbeiten gern mit Menschen, Menschen vertrauen Menschen, Menschen interessieren sich für Menschen, Menschen wollen Geschichten über andere Menschen hören. Das ist mein tägliches Geschäft.

Meine tägliche Arbeitspraxis lehrte mich, wie essenziell Personal Branding heute ist. Und die Praxis lehrte mich, dass Ideen Methode brauchen. Die eigene Personal Brand strategisch klug aufbauen, nachhaltig anlegen und erfolgreich pflegen lauten die Arbeitsschritte. Klar, kredibel, konsistent und kontinuierlich ist der Weg. Dieses Wissen möchte ich dir durch dieses Buch zur Verfügung stellen.

# 3.
# Personal Branding ist deine Zukunft

Nehmen wir mal an, du betreibst irgendwo im Land eine Bäckerei. Sie ist ganz die alte Schule. Du stehst selber täglich im Morgengrauen am Ofen, knetest Teig, formst Brotlaibe und Brezeln. Tagsüber finden Kunden in deinen Auslagen, Regalen und beleuchteten Vitrinen all das, was Menschen hierzulande so bei einem Bäcker suchen. Da gibt es Brötchen (die natürlich auch »Schrippen«, »Wecken« oder »Semmeln« heißen können, je nachdem, wo deine Bäckerei steht) und unterschiedliche Sorten von Schwarzbrot, Graubrot und Weißbrot, die Deutschen lieben ja Brot. Dazu kommt eine mehr oder minder große Auswahl an Kuchen und Torten, Erdbeer, Apfel, Schwarzwälderkirsch. Ein paar Sorten Kekse und anderes Süßgebäck. Und nicht zuletzt auch noch die Rumkugeln, zu denen du deine Teigreste immer verknetest. So weit, so normal. Dein Laden ist vielleicht etwas verstaubt, läuft aber ganz okay. Allerdings auch nicht viel mehr als das. Du merkst, dass die Stammkundschaft langsam wegstirbt, die Älteren, die sich zum Einkaufen noch Zeit genommen haben und die für gutes Brot auch ein bisschen Geld ausgegeben haben. Langfristig gesehen geht es also beständig leicht bergab mit deinem Business. Aber noch wirft die Bäckerei gerade so viel Gewinn ab, dass du und deine Familie davon einigermaßen leben könnt.

Mal ehrlich, reicht dir das? Bist du damit zufrieden?

Willst du einfach irgendein Bäcker oder eine Bäckerin sein, von denen es hierzulande mehr als zehntausend gibt – und von denen jedes Jahr mehrere hundert ihr Geschäft aufgeben müssen, weil nicht mehr genügend Kunden durch die Ladentür kommen? Du kannst doch viel mehr erreichen. Du kannst nicht nur der Beste oder die Beste auf deinem Dorf oder in deiner Stadt sein. Du könntest überregional bekannt sein. Vielleicht sogar Teil der hippen »Craft-Bakery«-Bewegung werden, die perfektes Sourdough Bread, original italienisches Ciabatta oder die New Yorker Neukreation Cronuts für gutes Geld verkauft. Wenn du es möchtest, kannst du sogar selber den Standard dafür setzen, was nach Meinung der Kunden hierzulande überhaupt gutes Backen ausmacht.

Klar: Dafür musst du natürlich Qualität liefern. Also scannst du als Erstes das Internet, liest Blogs und Webseiten der coolsten Bäckereien. Was ist gerade angesagt? Was wollen die Kunden, die jung sind und Geld haben? Dann setzt du dich hin und tüftelst an deinen Rezepturen. Experimentierst mit unterschiedlichen Ruhezeiten für deinen Teig, mit Temperaturen und Backzeiten. Probierst immer wieder dein eigenes Produkt und verfeinerst es. Und irgendwann merkst du: Du hast es geschafft, du bist wirklich gut. Nehmen wir mal deine Brötchen, die du jetzt »Original German Buns« nennst: außen knusprig und innen fest, aber hell und fein. Sie stehen sogar bei offiziellen Empfängen des Bürgermeisters auf dem Tisch. Deine Sauerteigbrote sind wie keine anderen, mit krosser Kruste und einer saftigen, elastischen Krume. Landauf, landab schwärmen immer mehr Leute davon, und sogar ausländische Touristen kommen extra vorbei, um es zu probieren, weil ihnen ihre deutschen Gastgeber davon erzählt haben. Immer häufiger bimmelt jetzt die Glocke an deiner Ladentür, eigentlich steht sie gar nicht mehr still. Das bringt Umsatz, dein Gewinn steigt. Du eröffnest Filialen, erst in deinem Heimatort, schließlich sogar in der Nachbarstadt.

Aber du bist nicht nur gut, vielleicht sogar der oder die Beste. Sondern du sorgst jetzt auch dafür, dass immer mehr Leute davon erfahren. Fotos deiner Backwunderwerke postest du auf deiner Webseite und unter deinem Namen in den sozialen Netzwerken. Teilst dort vielleicht sogar kurze Clips von dir beim Backen, mit praktischen Tipps und Lifehacks für die knusprigste Kruste. Bringst irgendwann ein eigenes Kochbuch mit deinen erfolgreichsten Backrezepten raus, weil so viele deiner Follower danach gefragt haben. Das wiederum kurbelt deinen Absatz an. Denn ganz so wie du kriegen es die Leute zu Hause dann doch nicht hin, und sie wollen irgendwann mal das Original probieren. Also expandierst du mit deiner Bäckereikette landesweit. Immer weniger Kunden geben sich mit aufgebackener Fertigware zufrieden, wie es sie bis dahin bei deutschen Bäckern noch häufig gab. So findest du dich irgendwann an der Spitze einer Renaissance des guten Backens in Deutschland wieder. Du stehst jetzt bei Fachkonferenzen auf Bühnen und erzählst von dir und deinen Brötchen, wirst interviewt, sitzt in Talkshows. Jetzt hast du es geschafft. Du bist jetzt die Benchmark, du giltst als die Nummer eins deines Fachbereichs. Du hast eine Mission.

Jeder, der an exzellente, zeitgemäße und weltweit berühmte deutsche Backkunst denkt, denkt jetzt an deinen Namen.

Dein Name ist ein Synonym für dein Produkt.
Du bist nicht nur »gut«, du bist einzigartig.

So geht es auch anderen, deren Namen uns sofort einfallen, wenn wir über ein besonderes Produkt, eine bestimmte Dienstleistung oder ein spezielles Know-how nachdenken. Schönheitschirurgie für Promis und Wohlhabende? Dr. Werner Mang! Leicht verständliche Aufarbeitungen von eigentlich hochkomplexen philosophischen Gedankengängen? Richard David Precht! Friedlicher Protest, um die Politik zu einem beherzteren Eingreifen gegen den Klimawandel zu bewegen? Greta Thunberg! Sie alle haben es geschafft, ihr eigener Name ist zu einer Marke geworden. Genau genommen stehen sie nun hinter einer Marke, die genauso lautet wie der Name in ihrem Ausweis: ihrer Personal Brand.

Sie sind nicht nur lebende Marken, sondern auch lebendige Marken.

## 3.1 Was macht eine Marke lebendig?

Marken lassen sich definieren als »ein Name, ein Begriff, ein Zeichen, ein Symbol, ein Produktdesign oder eine denkbare Kombination aus diesen, die dazu verwendet werden, Produkte und Dienstleistungen eines Anbieters oder einer Gruppe von Anbietern zu identifizieren« (Kotler et al. 2011). Laut deutschem Markengesetz können als Marken alle Wörter, Abbildungen oder Verpackungsgestaltungen geschützt werden, »die geeignet sind, Waren oder Dienstleistungen eines Unternehmens von denjenigen anderer Unternehmen zu unterscheiden«.

So weit, so simpel, so fachlich langweilig. Und diese Marken können also lebendig sein? Doch, klar, das können sie. Das müssen sie idealerweise sogar. Wie wichtig das ist, wird schnell deutlich, wenn man sich das Gegenteil vor Augen führt: trockene, eindimensionale, flache und damit irgendwie tote Brands. Zum Beispiel die weißen No-Name-Marken im Supermarktregal. Mit denen verbinden Menschen nicht mehr als eben dieses konkrete Produkt, das da vor ihnen liegt. Keine Werte, keine darüber hinausgehenden Assoziationen und Bilderwelten, keine Emotionen wie Verehrung oder gar Liebe. Dafür würde niemand einen Cent mehr ausgeben, einen Umweg in Kauf nehmen oder gar Loyalität empfinden.

Bei Produkten ohne Markeneigenschaften zählt allein das technische Produkt. Ein Herstellername, sofern man den als Marke auffassen möchte, steht höchstens klein irgendwo auf dem Etikett mit den Inhalts- oder Herkunftsangaben. Aber es gibt auch echte Markennamen, die trotzdem für nichts weiter stehen als für das Produkt, auf dem sie kleben oder aufgenäht sind. Da ist dieser praktische Wintermantel, den du immer im November aus dem Schrank kramst und auf dessen Marke du auch mit viel Nachdenken nicht kommen würdest. Oder dieser Kleinwagen, den du dir manchmal von einem Freund leihst und dessen japanischer Hersteller dir dermaßen egal ist, dass du abends nicht mal sagen könntest, was für eine kleine Blechkiste dich da eigentlich den ganzen Tag durch die Gegend kutschiert hat.

Solch ein Unknown-Name-Branding findet sich vor allem bei qualitativ einfacheren und damit preiswerteren Produkten. Warum? Die Frage lässt sich mit dem gegenteiligen Fall beantworten: Ein Unternehmen, das Mühe und Sorgfalt in seine Produkte oder Dienstleistungen investiert hat, lässt sich keinesfalls die Chance entgehen, den eigenen Markennamen sichtbar zu machen. Also die Herkunft dieses Produkts eindeutig anzuzeigen. Das passt, denn tatsächlich kommt der Begriff »Marke« ursprünglich vom Wort »markieren«. Noch deutlicher wird dieser Zusammenhang im Englischen. Denn das Wort »brand« stammt wirklich vom Brandmarken mit dem Brandeisen.

Man kann sich die Geschichte dieses englischen Worts ungefähr so vorstellen: Im Wilden Westen drückte der Cowboy Joe einst seinen Kühen sein Brandzeichen auf, weil sie halt Cowboy-Joe-Kühe waren. So verkaufte er sie an seine Abnehmer. Irgendwann aber schaffte sich Cowboy Jim – Joes Wettbewerber von der Nachbar-Ranch – Kühe an, die mehr Milch, besseres Fleisch und robusteres Leder lieferten. Und versah sie natürlich mit seiner eigenen Brand: »Cowboy Jim«. Außerdem sorgte Jim dafür, dass jeder von den Vorzügen seiner Brand erfuhr. Als bald darauf ein Schlachthof-Einkäufer auf dem Viehmarkt die Kühe der Marke »Cowboy Jim« sah, da schoss es ihm von selbst in den Kopf: Das sind doch die mit mehr Milch, besserem Fleisch, robusterem Leder! Also kaufte er Kühe von Cowboy Jim. Die waren zwar etwas teurer als die von Cowboy Joe. Aber eben auch besser. Anschließend sorgte der Einkäufer außerdem dafür, dass auch jeder in seiner Branche sehen konnte, dass er sich Qualität leistete, und er trieb seine Jim-Kühe noch eine Runde über die Main Street. Voilà, die hochklassige Brand »Cowboy Jim« war geboren.

Seitdem nur noch wenige Menschen auf Märkte gehen, um dort Kühe zu erwerben, sind Marken abstrakter geworden. Wir kaufen alle von Firmen statt direkt von Cowboy Jim (oder Joe). Aber die Firmen wollen uns das weiter glauben machen. Deshalb haben sie ihre Produkte und Dienstleistungen zu Personen gemacht – wodurch die Angebote dann auch gleich menschlicher und lebendiger für uns erscheinen: vom Fast-Food-Clown Ronald McDonald über die Hausfrau Clementine, das HB-Männchen oder den Versicherungsvertreter Herrn Kaiser bis zum wortkargen Media-Markt-Verkäufer Tech-Nick. Die Idee dahinter: Menschen vertrauen anderen Menschen eher und bauen leichter eine Beziehung zu ihnen auf als zu abstrakten Konzernnamen und Produktlogos. Das ist eine Methode, um Marken mit Leben zu versehen. Vielleicht die einfachste.

Nicht selten muss auch der CEO eines Unternehmens persönlich herhalten, um einer Marke ein Gesicht zu verleihen. Das sorgt für Nahbarkeit und Persönlichkeit. Beispiele dafür kommen vor allem aus dem US-amerikanischen Wirtschaftsraum, etwa Steve Jobs zu seiner Zeit bei Apple oder heute Jeff Bezos bei Amazon. Aber auch in jüngerer Vergangenheit der Schnurrbartträger Dieter Zetsche bei Daimler oder der in Medien und auf Social Media sehr präsente Joe Kaeser beim deutschen Technologieriesen Siemens. Sie alle fungierten oder fungieren als Verkörperung ihrer Marken.

Außerdem versuchen die Hersteller und Anbieter von Produkten und Dienstleistungen auch, quasi die Marken selber zum Leben zu erwecken: Sie laden ihre Angebote mit viel Mühe und Aufwand mit Bildern, Assoziationen und Werten auf. Über Werbung und Marketing koppeln sie ihre Produkte und Dienstleistungen in deinem Kopf mit Emotionen, Werten und Bildern, etwa »hochwertig«, »nachhaltig« oder »avantgardistisch«.

All diese Schachzüge sind schon allein deshalb notwendig, weil sich rein technisch gesehen viele Produkte oder Dienstleistungen aus derselben Preisklasse immer ähnlicher werden: Egal mit welcher Airline du fliegst, egal auf welchem Tablet-Computer du tippst, sie leisten zunehmend mehr oder minder dasselbe. Der oft scharfe Wettbewerb zwischen den Marken zwingt die Anbieter dazu, bei neuen Features oder Extraleistungen schnell mit anderen Marktteilnehmern mitzuziehen. Statt über Leistungsmerkmale zu punkten, müssen sie ihren Produkten und Dienstleistungen eine jeweils eigene Identität verleihen, indem sie diese mit Werten oder Assoziationen aufladen.

# Case 1 – meine Erfahrungswerte

## Ausdauernder Visionär

Jacob Fatih ist Gründer und CEO des Company Builders Crealize. Seit er mit dreiundzwanzig Jahren aus dem Iran geflüchtet ist, lebt er in Essen, wo er nach nur wenigen Jahren die Fitnesskette FitX gegründet und aufgebaut hat. Seit 2015 fördert, coacht und finanziert Jacob Fatih mit Crealize erfolgreich Start-ups. Entstanden ist dabei eine breite Mischung aus Unternehmen, die von einer Streetwear-Marke über eine App für mentale Fitness bis zum Immobilienentwickler reicht. Jacob Fatih ist Seriengründer und Visionär, Motivator und Netzwerker. Mit Crealize folgt er klaren Werten, er ist kreativ, intuitiv, aber auch mutig und ausdauernd, zudem reflektiert und großzügig, menschlich, nahbar und echt. Diese Werte haben wir bei PIABO in eine Personal-Branding-Strategie für Jacob Fatih überführt, mit der er sich eindeutig von anderen Inkubator-Betreibern absetzt.

An diesen Marken können sich Menschen festhalten. Denn für sie spiegeln sich in diesen Marken ihr Selbstbild und ihre eigenen Werte. Und die zeigen Menschen gern ihren Mitmenschen. So schaffen Marken Unterscheidbarkeit unter den Konsumenten. Sie werden zu Leitplanken im Leben und oft auch zum Baustein der eigenen Identität. Das fängt oft schon in der Schule an: Ist dein Füller von Pelikan oder Lamy? Hast du einen Schulranzen von Scout oder von McNeill? Und es setzt sich fort mit jedem Jahr, das du älter wirst: Bist du eher die Cola- oder die Pepsi-Trinkerin? Trägst du Adidas oder Puma? Nike oder New Balance? Nutzt du ein Android- oder ein Apple-Smartphone? Und fährst du lieber beziehungsweise führst du gern BMW oder Mercedes, Porsche oder gar Tesla?

Die damit zusammenhängenden Werte, Bilder und Assoziationen hast du im Hinterkopf, wenn du am Verkaufsregal stehst, dich im Showroom umsiehst oder im Internet auf den Bestellbutton klickst. Du wählst schließlich die Angebote aus, von denen du denkst, dass du damit deine eigenen Werte nach außen am besten darstellen kannst. So zeigst du deinem Umfeld über Marken, wie du dich selber siehst und wie du gern gesehen werden möchtest.

Alle Erwartungen, Erinnerungen, Geschichten und Beziehungen, die du als Kunde mit einem Produkt oder einer Firma verbindest und die dann dafür sorgen, dass du ein Produkt oder eine Dienstleistung kaufst oder nicht: das ist die Marke.

Marken sind Glaubenssysteme.

Und weil dieser Prozess so wichtig für unsere ganz individuelle Selbstdarstellung ist, funktioniert Marketing für viele Produkte heute nicht mehr, indem Anbieter einfach ein und denselben Werbespot über die Köpfe aller Konsumenten ausschütten. Von diesem gleichmachenden Push-Marketing fühlt sich inzwischen – vor allem bei hochwertigen Produkten wie etwa Designermode oder Autos – kaum noch jemand angesprochen. Die Kommunikation mit dem Kunden ist heute keine Einbahnstraße mehr. In der Fachwelt spricht man stattdessen von »co-kreativer Markenführung«, weil Marken intensiv mit ihren Kunden kommunizieren und sich von ihnen beeinflussen lassen. Rund um das eigene Produkt entstehen nicht selten Communitys, die wiederum mithelfen, dieses Produkt weiterzuentwickeln. Solche mündigen potenziellen Kundinnen und Kunden bekommen dann über digitale Medien individuell zugeschnittene Informationen. Wenn der Interessent sich angesprochen fühlt, schaut er sich das Angebot mal an. Und wenn er das Gefühl hat, es passt für ihn, dann nimmt er eine Geschäftsbeziehung zum Anbieter auf. Spontan. Eventuell aber auch erst beim nächsten oder übernächsten Mal. Es ist erwiesen, dass Konsumenten oft erst mindestens sieben Mal in irgendeiner Form mit einem Produkt in Berührung gekommen sein müssen, bevor sie sich vielleicht dafür entscheiden, Geld dafür auszugeben. Der Kontakt wird darum konstant aufrechterhalten.

Warum ich all das erzähle? Wir werden gleich sehen, dass gutes Personal Branding exakt ebenso funktioniert: als klar definiertes und kontinuierlich gepflegtes Angebot an potenzielle Geschäftspartner:innen, die bei Bedarf darauf zurückkommen können.

## 3.2 Ist eine Produktmarke vergleichbar mit einer Personenmarke?

Natürlich gibt es Unterschiede zwischen der Markenwahrnehmung eines, sagen wir: Smartphones und der Markenwahrnehmung einer Person. Produkte und Dienstleistungen sind mehr oder minder normiert, meist in Serie hergestellt, nicht lebendig. Qualität ist hier oft eine Frage dessen, welche Normen und Standards bei Design und Produktion angewendet wurden. Diese Qualität ist damit in gewissem Umfang wissenschaftlich messbar. Zum Beispiel: Welche Inhaltsstoffe sind in dieser Tütensuppe?, Wie viele Waschgänge bei vierzig Grad hält dieses edle Anzughemd ohne Farbverlust aus?, Wie weit reicht der Akku dieses E-Autos? Das sind Daten, Zahlen und Fakten. Erst danach haucht dann das Marketing der Angelegenheit Leben ein. Denn Produkte und Dienstleistungen haben für sich betrachtet noch keine Emotionen oder irgendeine Form von Leben in sich. Sie müssen damit, wie wir gesehen haben, erst mühsam aufgeladen werden.

Menschen dagegen sind zu Recht vergrätzt, wenn Manager:innen sie im Zuge der um sich greifenden Ökonomisierung der Sprache etwa als »Humankapital« bezeichnen. Denn sie sind nicht nur ein Tauschmittel, ein Kostenfaktor, ein Produktionsmittel. Sie sind lebende Individuen mit jeweils eigenen Vorgeschichten oder Vorlieben – und als lebende Wesen auch von vornherein emotional: Menschen können von Haus aus mitfühlend oder impulsiv sein, in sich ruhend oder energetisch. Sie bringen also im Gegensatz zu Produkten und Dienstleistungen ihre Emotionen immer schon mit. Menschen bekommen ihre Seele darum natürlich nicht von außen eingehaucht. Stattdessen setzt der gezielte Aufbau einer Person als Marke im Inneren an und geht von hier aus nach außen.

Und eben diesem Weg folgen immer mehr Menschen. Denn nicht nur werden manche Unternehmensmarken, wie wir gesehen haben, zu Personen stilisiert. Quasi als Gegenbild dazu verhalten sich Personen im beruflichen Umfeld zunehmend häufiger wie Unternehmen – und bauen sich eine eigene Marke auf: strategisch, authentisch, abgestimmt auf die jeweilige Kundenzielgruppe. Die Qualität dieser Personal Brands ist allerdings etwas aufwendiger zu messen als die von Produkten und Dienstleistungen. Denn Menschen sind individuell, vielschichtig und subtil – eben persönlich. Der eine löst ein Problem so, die andere so. Zwei verschiedene Wege, die beide zum Ziel führen können, mit unterschiedlichen Vor- und Nachteilen. Gutes Personal Branding möchte darum niemanden zu einem normierten Fabrikprodukt abpacken. Sondern ganz im Gegenteil gerade die individuellen Fähigkeiten herausstellen. So wird ein Mensch in den Augen seiner Mitmenschen zu einer dreidimensionalen Person.

Trotzdem lohnt sich natürlich unterm Strich ein Blick auf die Leistung von Personal Brands. Denn ebenso wie bei Produkten ist letztlich die Leistung die Benchmark, anhand derer sich die Personenmarken vergleichen lassen.

Wie viele Tage und wie viel Geld braucht der etablierte Spezialist A, um das Projekt umzusetzen? Wie lange braucht die ebenso bekannte Spezialistin B, und wie teuer kommt uns das zu stehen? Das sind neutral messbare Faktoren. Leistung ist die Basis für jedes erfolgreiche Marketing, ob nun für Produkte oder für Personen. Zudem lässt sich die Leistung von Personal Brands durch Selbsterkenntnis, Beratung und gezieltes Training verbessern – ganz so, wie es Relaunches und Redesigns bei Produkten oder Dienstleistungen können. Es gibt also durchaus Ähnlichkeiten zwischen Personen und Produkten.

»Aber Moment mal«, wirst du jetzt vielleicht einwerfen, »sind Personenmarken und Produktmarken jetzt also etwas Unterschiedliches oder nicht?«. Ich würde darauf so antworten: Menschen und Produkte sind natürlich zwei vollkommen unterschiedliche Angelegenheiten. Aber sie sind sich ähnlicher, als manche und mancher vielleicht denkt.

## 3.3 Wie wichtig ist Vertrauen?

Wie ähnlich sich Produkte und Personen sind, zeigt sich unter anderem an der enormen Bedeutung von Vertrauen für beide. Es ist die essenzielle Basis für erfolgreiche Kundenbeziehungen – egal ob zwischen Menschen und Produktmarken oder zwischen Menschen und Personenmarken. Kunden haben grob gesagt immer zwei Möglichkeiten: Sie können sich entweder für die Marke entscheiden, die sie schon kennen. Oder sie können sich auf etwas Neues einlassen. Entscheidend dabei ist immer, welcher Marke sie vertrauen. Und ob dieses Vertrauen so stark ist, dass es ihnen eine Brücke hin zu der Marke baut.

Nehmen wir mal das Bankenwesen. Dort gilt ein Geldhaus wie die Deutsche Bank zwar nicht unbedingt als die coolste, einfallsreichste, technologisch avancierteste Adresse. Aber hey, immerhin ist diese Bank schon seit 1870 am Markt! Sie hält also trotz aller Skandale bereits eine Weile durch und ist darum vermutlich solide. Der kannst du dein Erspartes wohl anvertrauen. Auf der anderen Seite stehen heute digitale Challenger-Banken wie N26, Vivid oder Revolut. Sie sind allesamt Newcomer im Vergleich zum alten Schlachtschiff Deutsche Bank. Warum solltest du ihnen vertrauen? Niemand kennt die Frischlinge erst mal, niemand weiß, wie solide sie sind. Die Herausforderer müssen dich darum zunächst mit einem überzeugenden Produktversprechen anlocken. In ihrem Fall heißt das: besserer Service durch Onlineangebote, geringere Verwaltungskosten, mehr Transparenz bei Geschäftsprozessen und Eigentümerstrukturen. Wenn du diesen digitalen Banken dann quasi einen Vertrauensvorschuss gezahlt hast, dann müssen sie dir diesen Vorschuss in herausragender Leistung zurückzahlen. Denn die Newcomer brauchen glänzende Kundenbewertungen. Und die Leute da draußen müssen natürlich auch davon erfahren. Erst wenn Kunden schließlich eine Weile gute Erfahrungen gesammelt haben (und wir reden bei Banken durchaus von Jahren und Jahrzehnten), werden auch sie als solide Wahl gelten, der man vertrauen kann.

Bei Personen ist es ganz ähnlich: Wenn du als Neuer oder Neue plötzlich am Whiteboard stehst, am Telefon zu hören bist oder auf dem Bildschirm erscheinst, kommt bei deinen Ansprechpartnern erst mal Unsicherheit auf. Wer ist das? Was kann sie? Wofür steht er? Du als Newcomer musst dann zunächst die Menschen davon überzeugen, dir ihr Vertrauen zu schenken – und danach diesen Vorschuss mit Leistung zurückzahlen. Es ist dann enorm hilfreich, wenn die Leute schon einiges über dich, dein Können und deine Werte gelernt haben. Wenn du also über eine etablierte, gut geführte Personal Brand verfügst. In jedem Fall braucht es eine Weile, bis die Menschen von dir und deinem Können und Know-how wissen und bis sie dir vertrauen.

Vertrauen ist eine elementare Angelegenheit. Es ist das Kapital eines jeden und einer jeden von uns – egal ob im Berufsleben oder im privaten Bereich. Jemand würde für mich nicht arbeiten, wenn er mir als Chef und Arbeitgeber nicht vertraut. Oder jemand würde mich nicht zu sich nach Hause zum Dinner einladen, wenn er mir nicht vertraut, dass ich nicht sein Silberbesteck klaue und im Wohnzimmer die Bilder von den Wänden reiße. Die Chemie muss stimmen, das Bauchgefühl. Vertrauen ist die Währung für alle Interaktionen zwischen Menschen. Es ist dein Kapital.

Empfehlungen sind dann quasi Vertrauen über Eck. Indirektes Vertrauen. Das Vertrauen – in Produktmarken, aber auch in Personenmarken – kommt von einer dritten Partei, nämlich von derjenigen, die empfiehlt. Wenn mich ein Freund fragt, ob ich ihm einen guten Zahnarzt empfehlen kann, dann nenne ich natürlich einen, mit dem ich gute Erfahrungen gemacht habe. Heißt das, das ist der beste Zahnarzt der Stadt? Wahrscheinlich nicht. Aber mein Freund weiß, dass zumindest ich gut mit diesem gefahren bin. Und so läuft es auch im Berufsleben, wenn ich etwa einen Experten für Python-Programmierung oder eine Fachfrau für Übersetzungen ins Japanische suche. Ich frage dann zunächst mal mein Netzwerk – und vertraue den Empfehlungen, die ich darüber zurückgespielt bekomme.

Vertrauen in Marken und Empfehlungen von Marken sind deshalb so wertvoll, weil sie uns durch das Gewusel und Chaos des modernen Lebens helfen. Marken geben Orientierung, bei Produkten wie bei Personen. Sie machen Entscheidungen leichter, schneller und treffgenauer. Wir gehen auf Nummer sicher, wenn wir uns für den Panelmoderator oder den externen Finanzbuchhalter entscheiden, denen unsere Freunde und Bekannte vertrauen und die sie uns empfehlen. Denn wir müssen dann nicht selber recherchieren, Erfahrungen sammeln und dabei etwas riskieren.

Vertrauen baut sich natürlich nur auf, wenn erstens die Leistung der Anbieter überdurchschnittlich ist und zweitens die Leute auch davon hören. Mal angenommen, du bist in deiner Branche zwar eine kleine Berühmtheit (vielleicht weil du ein extrovertierter Typ bist, der auf jeder Fachkonferenz in denselben roten Cowboystiefeln auftaucht), leistest dabei aber eher unterdurchschnittliche Arbeit, weil dein Kundenservice schlampig ist oder deine Thesen wirr sind. Dann giltst du irgendwann als Blender und wirst nicht vorankommen. Aber: Wenn du andersrum in deinem stillen Kämmerlein Weltneuheit auf Weltneuheit austüftelst, von denen niemand erfährt, dann auch nicht. Ich höre es im Berufsleben oft, dass jemand sich beschwert und lästert: »Ja, der oder die wird zwar immer eingeladen, der steht immer im Rampenlicht, aber wir (beziehungsweise unser Produkt) sind eigentlich viel besser.« Mag sein. Aber der andere ist auch sehr gut – und redet halt darüber.

*Wir kommen miteinander ins Geschäft, wenn wir uns vertrauen.*

Ebendas kann klares, kredibles, konsistentes und kontinuierlich weiterge-
führtes Personal Branding: deine Leistung, dein Know-how, deine Expertise,
deine Erfahrungen bei den Menschen bekannt machen – zu deinem Vorteil.

# Leistung-Kunden-Donut

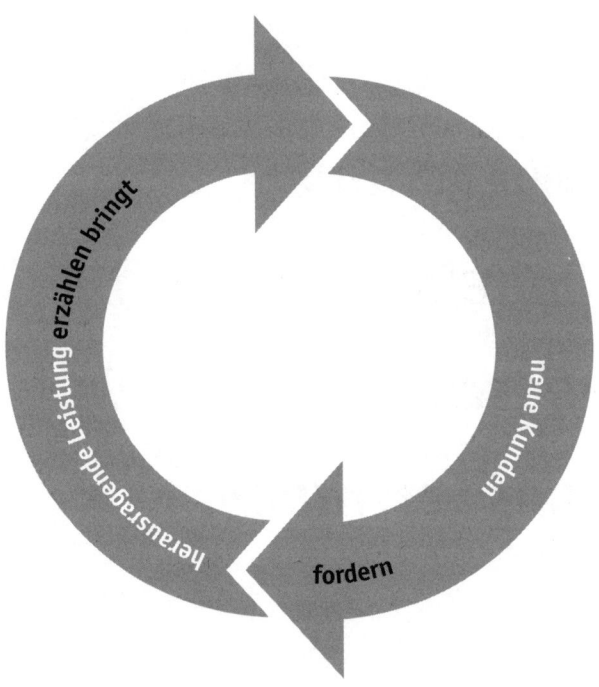

# 3.4 Was genau ist Personal Branding überhaupt?

Du hast jetzt schon einiges davon gehört, was Personal Branding kann, wozu es gut ist, was es zu leisten vermag. Halten wir doch also mal in ein paar Sätzen fest, was Personal Branding ist. Was es also ausmacht, wie es sich abgrenzt, was dazugehört und was nicht. Werden wir dafür mal kurz grundsätzlich.

Meine persönliche Definition lautet so:
Personal Branding bezeichnet den aktiven Prozess, mit dem sich ein Mensch klar über sein einzigartiges und kredibles Wertversprechen von der Masse abhebt, und zwar indem er oder sie dieses Wertversprechen konsistent darstellt und es dann kontinuierlich über unterschiedliche Plattformen online wie offline seiner Zielgruppe unterbreitet.

Die Personal Brand ist das Resultat all der Schritte in diesem Prozess. Sie ist die Gesamtheit dessen, was deine Zielgruppe anschließend mit dir verbindet, also die Summe sämtlicher Informationen, Emotionen, Assoziationen, die mit dir zusammenhängen. Die Personal Brand ist das, was Menschen sehen, fühlen, denken, tun und sagen, wenn sie deinen Namen hören oder wenn du vor ihnen stehst.

Deine Personal Brand ist dein Angebot an deine Zielgruppe.

Das hört sich sehr nach Marketing-Fachsprache an und manche Menschen glauben, dass die eigene Personal Brand nur etwas für Menschen sei, die extrovertiert sind und die Bühnen dieser Welt rocken wollen. Doch das ist falsch. Das Phänomen Personal Branding betrifft jede und jeden. Warum? Weil deine Personal Brand immer da ist. Andere machen sich immer ein Bild von dir – ob du es möchtest oder nicht. Damit umgibt jeden Menschen seine Personal Brand. Sie folgt dir wie ein Schatten, wohin auch immer du gehst. Und nicht nur das: Sie eilt dir oft sogar voraus. Sie ist da, bevor du selber da bist. Jeff Bezos, der CEO von Amazon, hat es sinngemäß so gesagt: »Deine Marke ist das, was Menschen über dich sagen, wenn du nicht im Raum bist« (vergleiche zum Beispiel in: Bailey/Milligan 2019). Denn andere Menschen informieren sich über dich, sie hören etwas von dir, sie empfehlen dich (oder auch nicht), bevor du sie überhaupt persönlich kennenlernst. Und:

Menschen googeln dich – ständig, jederzeit, auch jetzt, in diesem Moment.

Sie tun das vielleicht, weil sie zufällig auf dich gestoßen sind, während sie sich zu deinem Thema informiert haben. Oder weil sie sich gezielt über dich informieren, um dann mit dir in Kontakt zu treten (oder auch nicht). Egal, ob dich jemand zu einem Vorstellungsgespräch einladen möchte oder darüber nachdenkt, dich als Speaker für eine Konferenz zu buchen: Sie werden dich auf jeden Fall vorher googeln. Sie wollen wissen, mit wem sie es zu tun haben werden. Nicht nur: Wie sieht er oder sie aus? Sondern vor allem auch: Was hat dieser Mensch früher gemacht, welche beruflichen Erfahrungen bringt er mit, was hat er oder sie drauf, wofür steht diese Person?

Der erste Eindruck, den du von dir vermittelst, ist heute digital. Das erste Bild deines Selbst entsteht online über Webseiten, über Blogs und natürlich über Social Media wie LinkedIn, Twitter, Instagram oder Facebook. Diese digitale Seite deiner Personal Brand, also was Menschen online über dich sehen, hören, lesen, ist unschätzbar wichtig. Denn das ist ihr erster Eindruck von dir. Der zählt, und der ist nur noch schwer zu revidieren. Erst wenn der Eindruck ansprechend war, könnte in einem zweiten Schritt ein echter persönlicher Eindruck bei einem Face-to-Face-Treffen dazukommen. Was finden andere, wenn sie dich online suchen? Vielleicht nur rudimentäre Social-Media-Seiten mit deinem Namen darauf – sowie eine Ladung Bilder davon, wie du vor drei Jahren auf dem Münchner Oktoberfest besoffen hinter den Dixi-Klos eingeschlafen bist? Oder stoßen sie stattdessen auf sorgfältig gepflegte Profile, die deinen Werdegang und deine Stärken vermitteln, inklusive Arbeitsproben sowie gut gemachter Blogbeiträge oder Videocasts? Es ist deine Entscheidung.

Wenn du nun deine Personenmarke einfach wuchern und verwahrlosen lässt, dann sehen andere ebendas: eine ungepflegte, struppige, schlecht angezogene Marke, die womöglich auch noch rumpöbelt. Wie ein schlecht erzogenes Kind. Wäre es da nicht besser, du ergreifst die Initiative und kümmerst dich um deine Marke? Ziehst sie groß, bringst ihr was bei, sorgst dafür, dass sie ordentlich aussieht und ordentlich spricht? Das soll natürlich nicht heißen, dass es bei Personal Branding ausschließlich darum geht, gut auszusehen und ein bisschen smart daherzureden. Also nicht nur um Kommunikationsformen und Äußerlichkeiten wie etwa Statussymbole oder Klamotten. Das tut es auch. Davor aber kommen: herausragende Leistung, Leidenschaft und Werte, die du deiner Zielgruppe anbietest.

Redet der nur, oder macht der auch? Das ist der Ausgangspunkt. Wir werden sehen, dass bei einer guten Personal Brand beides ganzheitlich ineinandergreift: Äußeres und Inneres, das Auftreten und der Inhalt. So wirst du stimmig wahrgenommen. Du stehst dann mit dir im Einklang.

Jedenfalls gilt heute vor allem wegen der digitalen Kanäle mehr als je zuvor, was der österreichisch-amerikanische Autor und Philosoph Paul Watzlawick in seiner Kommunikationstheorie auf den Punkt gebracht hat: »Man kann nicht nicht kommunizieren« (Watzlawick 1972). Die Frage ist: Teilst du dann das mit, für das du bekannt sein möchtest? Oder etwas anderes?

Personal Branding ist die Fähigkeit, bewusst die eigene Geschichte zu erzählen, bevor andere eine andere Geschichte über dich erzählen. Eine andere Geschichte, die dir vielleicht nicht gefällt und dir das Leben schwer macht, ohne dass du es merkst. Zu einer ordentlichen Definition gehört es natürlich auch zu sagen, was nicht dazugehört. Also: Bei Personal Branding geht es nicht hauptsächlich um Selbstdarstellung, zumindest nicht aus reiner Eitelkeit. Es geht definitiv nicht darum, dass du auf kurzem Wege möglichst berühmt wirst. Es geht nicht mal nur darum, dein Image oder deinen Ruf aufzubessern. Und wenn du Personal Branding ernsthaft angehst, wirst du auch nichts über dich erfinden oder gar Unwahrheiten über dich verbreiten. Du musst dich nicht mal substanziell verändern, um irgendwelchen Anforderungen und Erwartungen gerecht zu werden (auch wenn gegen Weiterentwicklung natürlich nie etwas einzuwenden ist). Stattdessen bringt Personal Branding das Beste zum Vorschein, das du bereits in dir trägst. Deine positiven Seiten, deine Fähigkeiten, deine Expertise, deinen inneren Antrieb. Es trägt dieses Beste in dir nach außen und bietet es anderen an. So baust du verlässliche Beziehungen zu diesen Menschen auf, und sie werden wissen, was sie an dir haben. Wer ins Personal Branding einsteigt, legt also keinen Neustart seiner Persönlichkeit hin.

Er macht nur besser weiter als vorher.

## 3.5 Ist Personal Branding eine neue Idee?

Personal Branding dreht sich also grob gesagt darum, sich mit seinem eigenen Wissen und Können strategisch zu positionieren und darzustellen. Klingt modern und ganz nach unserer Zeit? Das ist es natürlich auch, schließlich lässt sich dieser Prozess heute, wie wir gleich sehen werden, besser, effizienter, schneller und kostengünstiger betreiben als jemals zuvor. Der Grundgedanke von Personal Branding ist allerdings vermutlich schon so alt wie die Menschheit selber. Auch unsere allerersten Vorfahren wollten sich stets im besten Licht präsentieren. Damals saßen die Urmenschen zusammen und erzählten sich Geschichten über andere Urmenschen. Was für ein wirklich erfolgreicher Antilopenjäger der eine ist, wie besonders saftig die Beeren sind, welche die andere immer sammelt, solche Sachen. Der Jäger und die Sammlerin waren vermutlich stolz auf diese lobende Erwähnung am Lagerfeuer und sorgten dann dafür, dass alle von ihrer nächsten besonders großen Antilope und ihrer nächsten besonders reichhaltigen Beerenausbeute erfuhren. So machten ihre Namen die Runde.

Personal Branding ist urmenschlich.

Vermutlich spätestens die römischen Kaiser gingen dann tatsächlich strategisch und planvoll vor, um ihre eigenen Leistungen und ihre Macht bei einfachen Untertanen, bei hohen Senatoren oder bei konkurrierenden Herrscherhäusern bekannt zu machen. Dafür ließen sie ihre Namen landauf, landab in Torbögen meißeln und ihre Konterfeis auf jeden einzelnen Sesterz des riesigen römischen Reiches prägen. Auch im Mittelalter verbreiteten Kaiser und Könige die eigenen Namen und Signets (Wappen) über alle damals verfügbaren Kanäle: von Wandteppichen über Herolde bis irgendwann sogar zum gedruckten Flugblatt.

Erst vor rund zwanzig Jahren hat allerdings zum ersten Mal jemand diese urmenschliche Vorgehensweise als Strategie erkannt und aufgeschrieben: Der US-amerikanische Unternehmensberater Tom Peters analysierte in einem Artikel mit dem Titel »The Brand Called You«, der am 31. August 1997 in dem Wirtschaftsmagazin »Fast Company« erschien, erstmals die Grundzüge dessen, was später »Personal Branding« genannt werden sollte. Peters riet damals seinen Leserinnen und Lesern, sie sollten sich doch große und bekannte Marken wie Nike oder Porsche zum Vorbild für das Vermarkten des eigenen Werdegangs nehmen. Dabei ging es ihm vor allem um Unique Selling Propositions, also Alleinstellungsmerkmale:

»*Wenn Sie schlau sind, finden Sie heraus, was Sie von all den anderen schlauen Menschen mit ihren 1500-Dollar-Anzügen, leistungsstarken Laptops und gut polierten Lebensläufen unterscheidet. Und wenn Sie wirklich schlau sind, finden Sie heraus, was Sie brauchen, um Ihre spezifische Rolle zu finden – Sie kreieren eine Botschaft und eine Strategie, um sich selbst als Marke zu bewerben.*« (Peters 1997)

Peters wendete damit Grundprinzipien der klassischen Markenführung auf Menschen an. Das sollte bald als ganz neue Sichtweise der Karriereplanung gelten. In den folgenden Jahren verbreitete sich die Idee.

Heute musst du nicht mehr Torbögen errichten oder Herolde durchs Land schicken, damit die richtigen Menschen davon erfahren, wer du bist, was du kannst und wofür du stehst. Wie erwähnt werden wir gleich sehen, dass strategisches Personal Branding heute leichter geworden ist als jemals zuvor. Zugleich ist es aber auch wichtiger und notwendiger geworden als jemals zuvor.

Es ist gerade mal ein halbes Jahrhundert her, da war die Welt von Jobs und Wirtschaft noch sehr übersichtlich: Wer Ingenieurwesen studierte, wurde später Ingenieur, wer sein Jurastudium erfolgreich abschloss, arbeitete fortan als Juristin. Wer bei einem großen Konzern wie Opel einstieg, blieb sein Leben lang »Opelaner«. Es gab vorgeprägte Werdegänge und feste Rollenvorbilder, denen die Menschen folgen konnten. Der Arbeitgeber kümmerte sich um seine Leute. Und so ziemlich jede und jeder, die oder der immer pünktlich in der Firma auftauchte und die Arbeit ordentlich erledigte, wurde nach einem festgelegten Schema irgendwann befördert.

Heutige Karrieren werden vielen Menschen, die diese alten Zeiten noch miterlebt haben, vorkommen wie fortgesetzte Eigensabotage: Neuorientierung, Jobwechsel, Umzug, Auslandsstation, und alles wieder von vorn. Dazu ständig weitere Qualifikationen und lebenslanges Lernen. Und für die Altersvorsorge muss man vielleicht auch noch selber aufkommen.

Aber das hat natürlich auch seine Vorteile. Vor allem: Freiheit. Dein Lebenslauf ist nicht mehr das Eigentum der verstaubten Personalabteilung einer einzigen Firma, die darüber frei verfügen kann. Du kannst deinen Werdegang selber zusammenstellen. Du kannst beruflich das machen, was dir wirklich liegt. Und wenn es dir irgendwann nicht mehr liegt, dann sattelst du eben um.

Weil die alten Strukturen und großen Namen dich nicht mehr leiten, bist du im Grunde auf dein Menschsein zurückgeworfen: Du stehst im Wettbewerb mit allen anderen Menschen. Und es leben mittlerweile fast acht Milliarden auf der Erde. Ihr seid euch sehr ähnlich, schließlich teilst du mit den anderen 99,9 Prozent deines Erbguts (Ramsey/Lee 2018). Ausgedruckt ergibt dein

Gen-Code einhundertfünfundsiebzig Bücher mit insgesamt 262.000 Seiten. Und davon wären gerade mal fünfhundert Seiten exklusiv bei dir zu finden (vergleiche Sabatini 2016). Wie sollst du da herausstechen? Zugegeben: Von diesen acht Milliarden Menschen bringt vermutlich nur ein sehr kleiner Teil exakt die Fähigkeiten, Qualifikationen und Leidenschaften mit, die du mitbringst. Aber bei acht Milliarden werden sich immer ein paar finden, die dasselbe erlebt haben, können und wollen wie du.

Zugleich ist es um dich herum überall laut, laut, laut. Alles ist voll Lärm und Grundrauschen. Jeden Tag prasseln auf allen nur denkbaren Kanälen rund zehntausend Werbebotschaften auf dich ein. Sie springen dir ins Auge von der Seitenwand des E-Busses, der in der Stadt an dir vorbeisurrt, und sie quatschen dich in dem kurzen Spot an, der plötzlich auf YouTube loslegt. An jeder Ecke, ob online oder in der Realität: Marken, Logos, Verheißungen, Versprechungen. Im Netz rufen außerdem noch Millionen Stimmen durcheinander. Denn hier tut jeder und jede privat seine und ihre Meinung kund, jeder macht Angebote oder sucht nach Gelegenheiten, jede will sich selbst verwirklichen.

In dieser Kakofonie wirken erst mal fast alle Menschen gleich, hören sich gleich an, reden dasselbe. Und es scheint im Grunde alles und jeden schon zu geben, alles und jeder ist schnell und einfach erreichbar. Anbieter A und Anbieter B haben dieselben Produkte im Portfolio. Bewerber A oder Bewerber B scheinen gleich gut qualifiziert zu sein für die offene Stelle. Expertin A und Expertin B könnten sich bei meiner Konferenz beide gut zum Thema äußern. Sie alle ließen sich online mit nur einem Mausklick kontaktieren.

Aus dieser lärmenden Masse kannst du herausstechen, wenn du nur willst. Denn es ist wie schon gesagt deine Entscheidung.

# 3.6 Und was genau bringt mir Personal Branding?

Ich erinnere mich noch genau daran, wie ich bei meinem ersten Vortrag zum Thema »Personal Branding« meine Zuhörer gefragt habe, wofür sie stehen. Da meldete sich eine Frau aus der ersten Reihe und sagte: »Ja, also: Musik! Das ist mein Leben, aktuell nur als Hobby, aber das würde ich gern zu meinem Beruf machen.« Dieser immerhin euphorische Wortbeitrag ließ mich (und vermutlich auch einen Großteil des Publikums) etwas ratlos zurück. Musik also. Welche Musik? Musik ist ein beinahe unendlich großes Gebiet mit beinahe unendlich vielen speziellen Feldern. Die Aussage, du interessierst dich für Musik, kommt einer Nullaussage gleich. Wenn du dagegen etwas Spezielles sagst wie: »Mein Fachgebiet ist frühbarocke Musik aus dem Jahrhundert vor Bach« oder »Ich interessiere mich für experimentelle Elektronik-Kompositionen von Avantgardemusikern aus dem Iran«, dann positionierst du dich klar. Natürlich wird nicht unbedingt jedes dieser Felder viele Menschen interessieren. Aber mit einer solch konkreten und spitzen Formulierung deutest du an, dass du dich auf diesem speziellen Feld wirklich gut auskennst. Wer dich das sagen hört und sich ebenfalls dafür interessiert, der wird dich mit an Sicherheit grenzender Wahrscheinlichkeit kontaktieren. Und selbst Menschen, denen dein Spezialgebiet nichts sagt, werden dich sofort dreidimensionaler vor Augen haben und sich mehr für dich interessieren. Dann bekommst du eine Antwort, mit der du weiterkommst: »Ach spannend, erzähl doch mal mehr!« Weil du offensichtlich tief in einem speziellen Fachgebiet steckst. Also vermutlich ein interessanter Gesprächspartner bist.

Anderen Menschen Anknüpfungspunkte bieten: Das ist ganz grundsätzlich das wichtigste Ziel, das du über eine klare, kredible, konsistente und kontinuierlich gepflegte Personal Brand erreichen kannst. Was aber daraus dann für dich persönlich folgt, das ist offen. Denn es gibt nicht DAS eine Ziel von Personal Branding. Jeder und jede, der oder die in dieses Thema einsteigt, wird ein anderes Ziel im Sinn haben. Die eine will ihre Karriere voranbringen, mehr Job Opportunities bekommen, Chefin werden. Der andere will Personal Branding als Unterstützung im Verkauf einsetzen oder gezielt in Medien präsent sein, um neue Kunden anzusprechen. Eine Dritter hat vielleicht politische Ambitionen auf seiner persönlichen Agenda und ein Vierter möchte eine private Leidenschaft wie Fußball oder einen anderen Vereinssport voranbringen.

Insgesamt denkt sich Personal Branding vom Ziel her. Mehr Geschäft? Mehr Publicity? Mehr Jobchancen? Alles legitim und vor allem auch machbar. Aber wenn du dein Ziel definiert hast, dann geht es erst los. Und weil Personal Branding für die unterschiedlichsten Ziele einsetzbar ist, eignet es sich auch für die unterschiedlichsten Anwendergruppen. Ich konzentriere mich in diesem Buch zwar auf Zukunftsmacher. Aber fast jeder Mensch kann von gut gemachtem Personal Branding profitieren. Gehen wir die wichtigsten Gruppen von möglichen Anwendern mal der Reihe nach durch:

## Personal Branding für Berufseinsteiger und Aufsteiger

Wenn du einen Job suchst, egal ob den ersten als Young Professional oder einen neuen als etablierte Spezialistin, dann kannst du dich über eine strategisch aufgebaute und gut gepflegte Personal Brand bei Personalern profilieren. Die meisten HR-Experten sagen heute, dass sie Kandidaten ohne eine greifbare Onlinepräsenz erst gar nicht näher ins Auge fassen. Wenn aber diese Personaler online auf deine Personal Brand stoßen, dann bekommen sie eine Idee davon, wer du bist, was du kannst und wofür du stehst. Und das, bevor sie das erste Mal mit dir gesprochen haben. Du bist dann bereits positioniert mit deinem Thema und deinem Know-how. Und wenn etwa ein Headhunter jemanden mit deinem Profil sucht, dann wird er auf dich stoßen. So kommst du schneller zu einem Job – und vor allem zum richtigen Job. Du wirst gefunden, anstatt selber suchen zu müssen: Das hat auch Auswirkungen auf den Lohn oder das Gehalt, das du aufrufen kannst. Nach Schätzung der US-Marketing-Expertin Ann Bastianelli verdienen Menschen, die ihre Brand klar positioniert haben und kontinuierlich pflegen, bis zu einem Viertel mehr als Kollegen mit einer nur durchschnittlichen Personenmarke (Bastianelli 2017). Personal Branding kann also als Karriere-Tool dienen. Und das nicht nur für Jobsuchende.

*Eine Personal Brand eröffnet jedem neue Möglichkeiten und Chancen.*

## Personal Branding für Angestellte und Macher im Job

Wenn man sehr kurzsichtig ist, dann könnte man vielleicht sagen: Was nützt mir eine Personal Brand, wenn ich irgendwo im Bauch von Siemens oder der Lufthansa arbeite, also als kleines Rädchen irgendwo in einer großen Konzernmaschine? Dazu eine kurze Geschichte: Ein Mitarbeiter unserer Agentur PIABO postete und twitterte schon länger sehr fundiert zu den Themen grüne Technologien, Climate Tech und Nachhaltigkeit. Als wir das mitbekamen, boten wir ihm an, eine eigene Practice zu diesen Themen aufzubauen. Diese erfolgreiche Abteilung leitet er jetzt. Wenn unser Mitarbeiter sich nicht öffentlich dazu positioniert hätte, dann wäre ihm – und uns – diese Gelegenheit entgangen, sich beruflich weiterzuentwickeln.

Du kannst Vertriebsangestellter für Biogasanlagen sein oder Anwältin, die in einer großen Kanzlei spezialisiert ist auf Streitereien um die raren Plätze an guten öffentlichen Schulen, Expertin für Change Management oder Spezialist für die DSGVO – wie jeder und jede Berufstätige stehst du für etwas, für ein bestimmtes Know-how, eine bestimmte Fachkompetenz. Wenn du dich damit klar, kredibel, konsistent und kontinuierlich positionierst, dann wirst du für andere erkennbar und erscheinst quasi dreidimensional. Als Macher beziehungsweise Macherin. Dieses Karriere-Tool wirkt in Unternehmen nach innen und nach außen.

So wirst du es intern mit einer gut aufgebauten und geführten Personenmarke erleben, dass dir deine Vorgesetzten mehr zutrauen. Du kommst Vorschusslorbeeren. Unter Umständen werden deine Leistungen besser beurteilt als vergleichbare Leistungen deiner Kollegen. Das steigert natürlich dein Selbstvertrauen – und damit auch wieder deine Autorität. So kriegst du einen guten Ruf (»reputation«) auf deinem Fachgebiet. Dafür erkennen dich andere Experten an, und sie wissen dann von dir (»recognition«). Daraus leitet sich Anerkennung in deiner Branche ab (»respect«). Lieferanten oder potenzielle Kunden, Auftraggeber oder sonstige Geschäftspartner werden sich so fühlen, als würden sie dich schon ein bisschen kennen – weil sie bereits in Kontakt mit deiner Personal Brand waren. Du bist der allgemein gefragte Experte für dein

Thema, du gibst Impulsvorträge, schreibst in Fachmagazinen Gastbeiträge, vertrittst deine Firma oder deinen Fachbereich bei einer Konferenz. Damit wirst du zu einer Wertanlage für deinen Arbeitgeber: Der Chef weiß, was er an dir hat. So kann dich Personal Branding zur Projektmanagerin machen, zum Abteilungsleiter, zur CEO.

Auf dieser Stufe kannst du dich auch als Thought Leader positionieren. Das bedeutet, dass du ein bestimmtes Thema erfolgreich mit einem gänzlich neuen und innovativen Ansatz erkundest, erklärst oder bearbeitest. Dabei verknüpfst du dein Fachthema leidenschaftlich mit dir als Person. Als unangefochtener Vordenker scharst du deine eigene Follower-Community um dich, tauschst dich mit Fachpublikum aus, bist mit Sendungsbewusstsein sowohl in Fachmedien als auch in populären Medien zu deinem Thema präsent, wirst vielleicht sogar gesellschaftlich-politisch tätig dafür. Dein außergewöhnliches Wissen und deine Ausnahmeposition kannst du über eigene Geschäftsmodelle schließlich sogar monetarisieren.

Und vielleicht ist das dann ja der erste Schritt für dich auf dem Weg zum Absprung in einen neuen Job? Wenn deine Marke erst mal klar definiert ist, kannst du herausfinden, ob sie zu der Marke des Unternehmens, des Verbands oder der Stiftung passt, für die du arbeitest. In einem wertegetriebenen Netzwerk heißt das: Wofür stehen die anderen, wofür stehe ich, und passt das? Wollen wir beide in dieselbe Richtung, wollen wir dasselbe erreichen? Haben wir passende Visionen von uns in fünf oder zehn Jahren? Auf diese Weise kannst du zum Beispiel ergründen, warum du manchmal das Gefühl hast, dass es hakt auf der Arbeit. Und wenn es nicht passt: kein Problem. Hast du dir erst mal als Spezialist für dein Fachgebiet einen Namen gemacht, dann wirst du leichter einen neuen Job finden – und dich dabei sicher auch finanziell verbessern können.

## Personal Branding für das mittlere Management und CEOs

Angestellte sind die eine Seite. Auf der anderen Seite kann deren Arbeitgeber Personal Branding auch als Employer Branding Tool einsetzen. Das Unternehmen hat die Möglichkeit, sich und sein gesamtes mittleres und höheres Management damit zu positionieren. Du als Unternehmenslenker stehst dann in der Wahrnehmung deiner Community für bestimmte Arbeitsansätze, Qualifikationen und Werte. Auf diese Weise kann dein Unternehmen die Aufmerksamkeit von passenden High Potentials erregen, die sich von ebendieser Positionierung angesprochen fühlen. Du stehst für nachhaltige und ressourcenschonende Produktion? Du bist die Frau für das dynamische Wachstum in einer aufstrebenden Branche? Du bist der Richtige, unter dessen Führung sich hochinnovative Technologien in Produkte umsetzen lassen? Dann wirst du über deine entsprechend ausgerichtete Personal Brand hoch qualifizierte Nachwuchskräfte anziehen.

Employer Branding ist nicht die einzige Möglichkeit, wie Manager:innen von der mittleren Führungsebene bis zum CEO Personal Branding für sich nutzen können. Als Führungskraft stehst du mit einer gut geführten Personal Brand als ganze Person vor deinen Kunden wie auch vor deinen Mitarbeitern. So zeigst du nach innen, dass du für modernes Leadership stehst: Du teilst deine Erfahrungen, bist ansprechbar, offen und aufmerksam gegenüber deinen Mitarbeitern, involvierst sie und delegierst Kompetenzen. Und nach außen tauchst du nicht mehr nur als Zitatgeber und Zahlenverkünder für die Statements deiner Pressestelle auf und veröffentlichst vielleicht mal ein steifes Stock-Foto-Porträt. Stattdessen nimmt man dich über Postings, Debatten und gut gemachte Selfies als lebendiges Wesen aus Fleisch und Blut (und auch mal mit Fehlern) wahr. Kunden, Zulieferer oder Journalisten können erkennen, wer du bist, wofür du stehst, wohin du willst. Und weil du zeigst, dass du offen für Diskussionen bist, kannst du direkt von deinen Stakeholdern wertvolles Feedback einheimsen.

*Mit Personal Branding baust du vor für die Zukunft.*

Ganz besonders eignet sich Personal Branding für eine greifbare und klare Positionierung von CEOs. Sehr schön sehen ließ sich das an Josef »Joe« Kaeser, der zu seiner Zeit auf der Kapitänsbrücke des Riesentankers Siemens gern twitterte, auch zu allgemeinpolitischen und gesellschaftlichen Themen. So konnte er zeigen, dass er sich der gesellschaftlichen Verantwortung eines Industrielenkers stellte. Oder der ehemalige Opel-Chef Karl-Thomas Neumann, der die etwas verstaubte Automarke ebenfalls über Twitter in modernerem Licht erscheinen ließ – und über den Kurznachrichtendienst sogar seinen Nachfolger vorstellte. Starke Persönlichkeitsmarken werden zum Gesicht ihres Unternehmens und verkörpern damit die Corporate Identity. Die Leute nehmen sie als glaubwürdige Vorbilder wahr, die ihren Worten Taten folgen lassen. So kann beispielsweise ein Stromkonzern-Chef, den man auch persönlich mit dem Umstieg auf grüne Energiequellen verbindet, entsprechende Produkte seines Unternehmens sehr viel glaubwürdiger präsentieren. Das fügt Konzernen immensen Wert hinzu. Die CEOs der großen US-amerikanischen Techkonzerne etwa können mit einem Satz den Börsenwert ihres Unternehmens um viele Millionen US-Dollar in die Höhe treiben.

## Personal Branding für Selbstständige und Freiberufler

Wenn du selbstständig und freiberuflich arbeitest, nutzt du ziemlich sicher zumindest einige Ansätze von Personal Brand bereits unbewusst, um deine Marktnische zu besetzen. Schließlich sollen deine Kunden ja wissen, dass du etwa als Architektin für energieneutrales Bauen oder als Personal Trainer für HILIT-Training stehst. Wenn du eine solche Positionierung strategisch bewusst ausbaust und dann mit einer klaren, krediblen, konsistenten und kontinuierlich weitergeführten Personal Brand auftrittst, verstärken sich die Effekte – und du kannst deine Marktnische nicht nur dominieren, sondern sie regelrecht für dich neu definieren. Du vermittelst potenziellen Kunden im Idealfall eine Art Vertrautheit, weil sie schon vor dem ersten Kontakt mit dir ein detailliertes Bild im Kopf haben. Sie wissen dann etwa, welche Arbeitsmethoden oder welche Werte sie von dir erwarten können und welchen Beitrag du für sie leisten kannst. Wenn es dir gelingt, potenzielle Kunden aus deinem Fachbereich als Community um dich zu scharen und mit ihnen in Dialog zu treten, kannst du über Personal Branding neue Märkte erschließen sowie Absatz und Umsatz steigern. Denn über die sozialen Beziehungen, die du dabei aufbaust, kannst du dein Produkt oder deine Dienstleistung verkaufen. Für solches Social Selling eignen sich natürlich am besten Social Networks, wo du leicht Content teilen und direkt mit potenziellen Kunden interagieren kannst.

### Personal Branding für Gründer, Entrepreneure und andere Visionäre

Du hast ein Start-up gegründet oder möchtest demnächst eins ins Leben rufen? Dann musst du ziemlich sicher Investor:innen und sonstige Geldgeber von deinem Geschäftsmodell überzeugen. Dafür wollen sie deine Geschichte hören: Welches Problem löst du für deine Kunden, und warum wirst du dabei effizienter und besser sein als deine Wettbewerber? Aber auch: Wer bist du als Gründer oder Gründerin, welchen Background hast du, wofür stehst du? Da sind der Gründer oder die Gründerin, der oder die als Experten durch die Medien und über die digitalen Plattformen ziehen, elementar im Vorteil. Denn natürlich hast du ein sehr viel besseres Standing, wenn die Investor:innen deine Personenmarke schon aus Onlinemedien oder der Presse kennen. Die Personal Brand erzählt ja schon deine Geschichte und zeigt, dass du die Expertise für dein Projekt mitbringst. Ganz ähnlich sieht es aus, wenn dein Start-up loslegt und du als Entrepreneur dein Team aufbaust: Die Entwicklerin für Blockchain-Algorithmen oder der Spezialist für Sustainable-Supply-Chain-Management, die du suchst, werden dich selber finden, wenn deine Personal Brand klar im (digitalen) Raum steht.

### Personal Branding für Prominente

Viele der Menschen, die wir als Berühmtheiten, Stars oder Prominente kennen, nutzen schon lange Strategien von Personal Branding. Ob es nun um Sportler, Musiker oder Politiker geht – viele von ihnen sind nur deshalb so bekannt geworden, weil sie ihren Namen klar von anderen abgesetzt, ihn mit ausgewählten Eigenschaften und Werten verknüpft und das Ergebnis dann kontinuierlich über Medienkanäle verbreitet haben. Das Ergebnis ist beispielsweise der grüblerische Deutschrockmusiker von nebenan, der Bad-Guy-Stürmer im Bundesliga-Fußball oder der Gesundheitsexperte mit der Fliege im deutschen Bundestag. Das hilft bei der Vermarktung von Konzerten und Streams, beim nächsten Vereinswechsel oder bei der kommenden Wahl.

## Personal Branding für Privatpersonen

Betrachtet man Menschen in ihrem privaten Umfeld, dann sind natürlich nur manche davon Zukunftsmacher, eher sogar die wenigsten. Aber das Private ist für dieses Thema doch interessant. Weil sich selbst hier Personal-Branding-Strategien ausmachen lassen. In der Clique wird im Sommer der Meistergriller für die perfekten Rostbratwürstchen gesucht – und jeder weiß, wer das sein könnte. Jemand hat ein Händchen für Literaturempfehlungen, eine andere versorgt alle stets mit coolen Musiktipps, ein Dritter gibt bei jedem Abendessen den Clown. So steht jeder und jede im Freundeskreis für etwas. Selbst in Paarbeziehungen positionieren sich häufig beide Partner unterschiedlich. Einer ist dann eher diejenige für das Praktische und Handwerkliche, der andere eher derjenige, der mit einem Glas Wein in der Hand fabulierend daneben steht, wenn ein Loch in die Wand gebohrt werden muss, und lieber die sozialen Außenkontakte am Laufen hält. Obwohl er das mit dem Bohren eigentlich auch könnte. Das alles zeigt: Auch im Privatleben kommt eine Form von Personal Branding zum Einsatz. Das gilt sogar für Kontakte über Dating-Plattformen, wo dich dein potenzieller Partner oder deine mögliche Partnerin vor dem ersten Treffen erst mal googlen, sobald sie deinen echten Namen wissen. Und dann vielleicht abspringen, wenn sie dich online gar nicht finden oder wenn sie über dich als Erstes lesen, dass du als Jugendlicher in deinem Dorf mal besoffen einen Verkehrsunfall verursacht hast. Wenn du dich rechtzeitig darum gekümmert hättest, mit welcher Story dein Name im Netz kursiert, wärst du jetzt vielleicht erfolgreicher.

## 3.7 Warum können besonders Frauen von Personal Branding profitieren?

Wie oft habe ich solche oder ähnliche Szenen erlebt oder davon gehört? Ein TV-Journalist sucht eine Expertin oder einen Experten für ein spezielles Thema. Sagen wir: künstliche Intelligenz für Fahrerassistenzsysteme. Er ruft also bei der Forschungseinrichtung an, die weltweit führend ist für solche quasi mitdenkende Beifahr-Software, und fragt sich durch zu den Fachabteilungsleitern, die tief im Thema stecken. Fast jeder Mann, den der Fernsehreporter nun an die Strippe bekommt, wird nach der Bitte des Journalisten um zehn Minuten für ein Interview über dieses hochkomplexe Thema sagen:»Alles klar, wo soll ich wann sein?«. Viele Frauen aber, die dieselben Qualifikationen haben und exakt denselben Job machen, werden zögern. Sie bitten um Bedenkzeit, zweifeln an sich, verweisen den Journalisten lieber an den Kollegen Soundso, der sich ihrer Meinung nach vielleicht besser auskennt. Dabei sind sie doch die Expertinnen!

Meine Berufserfahrung zeigt mir, dass Frauen viel zu oft ihr Licht unter den Scheffel stellen. Selbst die, die eher als laut und selbstbewusst wahrgenommen werden. Im Durchschnitt wollen Frauen häufiger als Männer gefallen, Everybody's Darling sein. Und sie sind regelmäßig zu selbstkritisch. Männer machen für Misserfolge eher andere und nur für Erfolge sich selber verantwortlich. Und: Wer kennt nicht die Männer, die schon die Sektkorken knallen lassen, wenn der Chef nur mal laut darüber nachgedacht hat, sie eventuell zu befördern? Wer kennt nicht die Frauen, die in einer solchen Situation sofort Bedenken äußern, ob sie denn geeignet seien für die nächsthöhere Position? Frauen finden immer irgendeine Schwachstelle und sehen manchmal Probleme, wo keine sind. Natürlich liegt es vor allem an struktureller Diskriminierung, dass Frauen im Schnitt noch immer weniger verdienen als ihre männlichen Kollegen. Aber die unterschiedliche Grundhaltung zu Beförderungen dürfte das Problem zumindest nicht schneller lösen.

Woher die Unterschiede zwischen Männern und Frauen im Berufsleben kommen, werden wir hier nicht klären können. Die Gründe dafür sind zu vielfältig und komplex. Aber meinen Beobachtungen zufolge bremsen vor allem zwei Punkte leider häufig die Karrieren von Frauen. Das eine ist zu wenig Vernetzung. Fast egal in welcher Branche: Männliche Kollegen vernetzen sich gezielt und bringen so ihren Namen ins Spiel. Frauen dagegen treten viel zu häufig als Einzelkämpferinnen an. Eben darum kann Personal Branding besonders Frauen im Berufsleben unterstützen. Eine gut geführte Personenmarke sorgt für Anschluss an die relevante Community (egal ob deren Mitglieder nun weiblich oder männlich sind). Du stehst für etwas, andere sehen das und vernetzen sich mit dir. So geht strategisches Networking über die Personal Brand! Der zweite Punkt, der Frauen im Job oft bremst, ist die bereits erwähnte viel zu große Bescheidenheit. Frauen unterschätzen regelmäßig ihren beruflichen Wert und ihre Fähigkeiten. Ich treffe selten Frauen, die vollkommen selbstverständlich anderen davon erzählen, wer sie sind, was sie können, wofür sie einstehen. Genau das lässt sich perfekt über eine starke Personal Brand kommunizieren – klar und glaubwürdig. Sicher, es wird immer jemanden geben, der oder die mehr im Thema steckt, sich besser auskennt, das Feld schon länger beackert. Aber das ist egal. Es geht hier um dich. Um die Frage: Wer bist du, wofür stehst du, was hast du anzubieten? Übrigens sind meiner Ansicht nach Frauen beruflich sowieso dadurch im Vorteil, dass sie durch ihre oft ausgeprägte Reflexionsfähigkeit besser erkennen können, womit sie sich selber behindern – und dann diese Angewohnheiten auch ablegen können, wenn sie ihre Personal Brand aufbauen und optimieren. Hier haben viele Männer Nachholbedarf.

# Case 2 – meine Erfahrungswerte

## Frau mit Fokus

Heba Aguib leitet seit Juli 2019 bei der BMW Foundation Herbert Quandt den Accelerator RESPOND, der nachhaltige Tech-Start-ups fördert. Ihr Thema ist Responsible Leadership, die Verbindung von wirtschaftlichem Erfolg und Nachhaltigkeit sowie der nachhaltige Wandel des Wirtschaftssystems. Wir bei PIABO haben Heba Aguib dabei unterstützt, ihre Personenmarke ihrem Thema entsprechend zu positionieren – unter anderem, indem wir sie für Interviews in Gründer-, Nachhaltigkeits- und Wirtschaftsmedien, mit Podcasts auf den passenden Social-Media-Kanälen sowie für Auftritte als Speaker platziert haben.

Heba Aguib setzt sich mit Haltung, Fachwissen und selbstbewusstem Auftreten durch. Ihr Thema ist vergleichsweise spitz und fokussiert. Frauen wie Männern hilft es, ein klares Thema zu haben, für das sie stehen und mit dem sie identifiziert werden möchten. Natürlich befasst sich jeder Mensch mit unterschiedlichen Themen. Aber ein roter Faden – ein Thema, für das man brennt – sollte dabei stets erkennbar sein.

Wenn Frauen stärker dafür sorgen würden, dass man sie mehr als kompetente Expertinnen mit wertvollen inhaltlichen Angeboten wahrnimmt, dann könnte das mit dafür sorgen, dass endlich mehr Frauen in Führungspositionen gelangen. Momentan ist deren Anteil beschämend gering: Gerade mal 3,6 Prozent aller CEOs in Deutschland, Österreich und der Schweiz sind weiblich, haben die Wirtschaftsprüfer und Managementberater von PWC bei einer Untersuchung der größten zweitausendfünfhundert Unternehmen der Welt herausgefunden. Die USA und Kanada schaffen mit gerade mal 5,6 Prozent den weltweit höchsten Frauenanteil. Rund um die Welt sinkt die Quote sogar. Frauen, die sich als starke Personal Brands positionieren, steigen schneller und höher auf als diejenigen, die sich nicht um das Thema scheren.

Wer nicht den Mut hat aufzufallen, wird übersehen. Mut aber wird belohnt. Der Mut, auf die Bühne zu gehen. Der Mut, klar und deutlich dazu zu stehen, was du kannst und weißt. Und, um auf das Beispiel oben zurückzukommen, auch der Mut, diese Skills etwa in einem TV-Interview öffentlich zu demonstrieren. Das sorgt dann sogar noch für eine schöne Rückkopplung: Wenn du dir selbstbewusst neue Aufgaben suchst und dann erfolgreich neue Hürden meisterst, steigert der Erfolg dein Selbstbewusstsein weiter.

Und schon erscheint die nächste Hürde viel kleiner.

## 3.8 Wie nützt Personal Branding besonders Mittelständlern?

Die Preußen, die den deutschen Kulturraum im 19. und 20. Jahrhundert lange dominiert haben, haben neben vielem anderen ja auch die preußischen Tugenden hinterlassen: Toleranz, Zuverlässigkeit und Ehrlichkeit sowie vor allem Fleiß, Sparsamkeit und ganz besonders Bescheidenheit. Im Idealfall liefern den Preußen zufolge Menschen pflichtbewusst ihre Leistung ab, ohne das an die große Glocke zu hängen. Typisch Calvinisten eben. Die Preußen sind zwar lange schon Geschichte, ihre Tugenden aber leben in Deutschland munter weiter: Wer hierzulande zu weit die Klappe aufreißt in eigener Sache, der gilt schnell als eitler Pfau und Selbstdarsteller. Ganz besonders trifft man auf die preußischen Tugenden Fleiß und Bescheidenheit heute beim deutschen Mittelstand, dem hochinnovativen Motor der deutschen Wirtschaft.

Die Mittelständler sind ganz besonders fleißig. Mehr als zwei Drittel aller deutschen Jobs finden sich bei kleinen oder mittleren Unternehmen. Diese Firmen erwirtschaften immerhin mehr als die Hälfte der Nettowertschöpfung hierzulande. Sie bilden aus, forschen, tüfteln und investieren auch überdurchschnittlich viel in Forschung und Entwicklung. Ganz besonders gilt das für die geschätzt rund tausend »Hidden Champions«: kleine, inhabergeführte Unternehmen, die in Branchen wie Medizintechnik oder Metallverarbeitung zur globalen Elite zählen, dabei aber in der breiten Öffentlichkeit eher unbekannt sind, weil sie auf dem Land oder in kleinen Städten etwa in Südwestfalen oder auf der Schwäbischen Alb an hoch spezialisierten Produkten werkeln. Die meisten Mittelständler sind zu Recht stolz auf ihr Produkt oder ihre Dienstleistung. Die sind Hightech, Weltklasse. Aber sie verstecken sich auch gern dahinter. Dann heißt es, das Angebot selber werde die Kunden schon überzeugen, weil es so gut ist. Werbung? Marketing? Nicht nötig. Wir bleiben lieber bescheiden im Hintergrund, wir wollen ja niemanden nerven.

Ist das klug? Erinnern wir uns kurz an den Leistung-Erzählen-Donut: Wer herausragende Leistungen abliefert, aber niemandem davon erzählt, der wird eher langsamer oder gar nicht vorankommen. Oder sogar irgendwann in Vergessenheit versinken. Das kann sich der deutsche Mittelstand nicht leisten. Denn die Familienunternehmer – auch die auf der Schwäbischen Alb oder in Südwestfalen – stecken wie alle anderen Manager:innen auch in einem weltweiten harten Kampf um die besten Köpfe, ohne die sie nicht weiter ihre herausragenden Produkte und Dienstleistungen abliefern können. Auch müssen natürlich potenzielle Kunden im In- und Ausland von ihnen erfahren. Und nicht nur das: Wenn die Hidden Champions und sonstige Mittelständler mal in Problemen stecken oder sich für Förderprogramme bewerben wollen, dann hilft es ihnen, wenn Politiker nicht nur wissen, dass es sie gibt und was sie machen, sondern auch, wofür der Chef mit seinem Unternehmen steht. Employer Branding, Customer Relationship Marketing, Kontakte zur Politik: Um auf diesen und anderen Feldern erfolgreich aufzutreten, können sich mittelständische Unternehmer:innen über strategisches Personal Branding in Position bringen. Der deutsche Mittelstand bietet einzigartige Leistungen an, er steht für Qualität und Innovation – und davon sollten Zielgruppen auch erfahren.

Falsche Bescheidenheit ist also fehl Platz.

Wie das geht, zeigt ein Blick in die USA, wo die preußischen Tugenden nie besonders hochgehalten wurden. Im Mutterland der individuellen Freiheit ist es selbstverständlich, dass man für sich und die eigenen Anliegen die Werbetrommel rührt. Schon in der Schule lernen Kinder, vor anderen zu sprechen, sich in kurzen Pitches darzustellen, im Mittelpunkt zu stehen und die eigene Persönlichkeit zu vermitteln. Dort ist jeder eine Marke, die er oder sie auf dem jeweiligen Markt klar positionieren möchte. Von dieser Kultur sind hierzulande viele Digital-Start-ups beeinflusst. Nachdem der oder die Gründer erst mal eine Internetdomain reserviert haben, brauchen sie eine gute Geschichte. Eine, die etwas über den Gründer erzählt. Und dann geht es los: gut sein, besser werden, netzwerken.

## 3.9 Wie wappnet mich Personal Branding gegen Krisen?

Stell dir vor, du bekommst zufällig mit, wie ein Bekannter von dir in dem Café an der Ecke die Bedienung strammstehen lässt. Er wird richtig ein kleines bisschen ausfällig, so sehr regt er sich auf. Es scheint um einen Kaffee zu gehen, den die arme Angestellte ihm aus Versehen über den Hemdsärmel geschüttet hat. Der Mann wird so laut, dass auch andere in dem Café schon hinüberschauen.

*Mit herausragenden Leistungen im Rücken pusht dich Personal Branding bis ganz nach oben.*

Was dir jetzt zu dem unangenehmen Meckerer durch den Kopf geht, hängt ganz davon ab, was du über ihn weißt. Wenn du ihn häufiger so erlebt hast und wenn auch andere vielleicht schon von solchen Szenen mit ihm berichtet haben, dann wirst du denken, dass das anscheinend seine Art ist. Und sehr wahrscheinlich nicht unbedingt in eine engere Beziehung mit ihm treten, sei es geschäftlich oder privat. Wenn der Typ aber bisher immer die Liebenswürdigkeit in Person war, als du ihn getroffen hast, und du andere auch nur gut von ihm hast reden hören, dann könntest du geneigt sein, seinen Auftritt in diesem Café in einem milderen Licht zu betrachten: Vielleicht hat er einen schlechten Tag gehabt? Vielleicht geht es ihm nicht gut? Braucht er sogar deine Hilfe? Der Punkt ist: Der Mann steckt in einer Krise. Wenn er quasi vorgebaut hat, indem er sich sonst tadellos verhalten hat, dann wird er diese Krise relativ schadlos überstehen.

Personal Branding wappnet dich gegen Krisen.

In guten Zeiten, bevor auch nur an eine Krise zu denken ist, baust du deine Marke mit deiner selbst gewählten Positionierung auf. Du kommunizierst klar deine Werte und deinen möglichen Beitrag für andere. Du bleibst dabei konsistent und kredibel. Und du bleibst am Ball. Man kann sagen: Du suchst dir deine Freunde, bevor du sie brauchst. Denn wenn du erst mal in einer Krise steckst, wirst du nicht mehr die Zeit und Energie haben, Kanäle zu eröffnen, um deine Sicht der Dinge mitzuteilen. Aber wenn dann eine Krise an die Tür klopft, sei es Jobverlust oder Shitstorm, Midlife-Crisis oder Burn-out, dann bekommst du die Situation mit den etablierten Kanälen, verbreiteten Inhalten und deiner starken Marke schneller wieder unter Kontrolle. Und das gleich auf mehrere Arten und Weisen.

Fangen wir bei dir persönlich an. Du hast deine Brand bewusst und gezielt reflektiert und aufgebaut, darum lebst du dein Leben nicht einfach so vor dich hin. Sondern du weißt, woher du kommst, wofür du stehst und wohin du willst. Normalerweise kommt Bedarf für Reflexion ja erst auf, wenn du schon in der Krise steckst, etwa weil eine Beziehung in die Brüche gegangen ist.

Dann fragst du dich: Wer bin ich, was will ich eigentlich? Du aber hast die Antwort schon parat. Das bringt dich schneller wieder auf Kurs, wenn dir die Dinge zu entgleiten drohen. So bewältigst du ganz persönlich eine Krise unter Umständen schneller.

Zudem hast du offene Kanäle zu der für dich relevanten Zielgruppe eta-bliert. Damit kannst du deine bestehende Infrastruktur und deine Reichweite nutzen, um deine Sicht der Geschehnisse zu verbreiten – etwa wenn du in Rechtsstreitigkeiten mit einer Geschäftspartnerin oder einem Geschäftspartner verwickelt wirst. Weil du die Content-Kreation in der Hand hast, kannst du bösartige oder unwahre Inhalte zurückdrängen. So bestimmst vor allem du, was über dich im Netz zu lesen ist.

Und nicht zuletzt hast du deine Themen und Werte besetzt und mit dir verknüpft. Das kannst du bei Problemen für dich anführen – etwa wenn Internet-Trolle Stimmung gegen deine Produkte oder Dienstleistung machen. Zugegeben, wer auf der Bühne steht, muss immer damit rechnen, mit Tomaten beworfen zu werden. Investor Warren Buffett hat anlässlich von VWs Dieselgate-Skandal gesagt: »Man braucht zwanzig Jahre, um sich einen guten Ruf aufzubauen – und fünf Minuten, um ihn zu zerstören« (Rottwilm 2015). Aber die Reputation, also der Ruf oder das Ansehen einer Person, beruht auf Vertrauen und Glaubwürdigkeit. Und wie den polternden Mann in dem Café wird dich deine Community milder betrachten, wenn sie dich schon kennt und weiß, wofür du stehst. Mit einer gut geführten Personal Brand kannst du einen Shitstorm besser überstehen.

## 3.10 Okay, wie fange ich an?

Du hast jetzt davon gehört, woher Personal Branding kommt und was überhaupt hinter diesem Begriff steckt. Und du hast erfahren, dass und wie Personal Branding Zukunftsmacher weiterhelfen kann – ganz gleich, ob du eine Stelle suchst oder ein Start-up gründest, als Angestellte/r oder freiberuflich arbeitest oder schon CEO bist. Wir haben auch darüber gesprochen, wie besonders Frauen im Berufsleben Personal Branding für sich nutzen können und wie mittelständische Unternehmer:innen davon profitieren. Eine Menge Argumente für eine klare, kredible, konsistente und kontinuierlich geführte Personal Brand also.

Du möchtest nun also gern selber deine Personal Brand definieren oder deine Personal Brand strategisch klug erweitern und optimieren? Aber du weißt nicht, wo du überhaupt anfangen sollst, weil dieses Projekt wie ein großer Berg vor dir aufragt, unüberschaubar, mit vielen Abgründen und steilen Anstiegen auf dem Weg? Halb so wild. Das Erschaffen einer eigenen Personal Brand ist ein fortwährender Prozess – der sich in handhabbare kleine Schritte runterbrechen lässt. So erklimmst du Schritt für Schritt den Berg. Du musst nur anfangen und den ersten Schritt tun. Die folgenden Kapitel werden dabei deine Bergführer sein.

# 4.
# Und jetzt los!

In meiner Berufspraxis treffe ich oft auf zwei unterschiedliche Arten von Menschen, die sich für Personal Branding interessieren. Beide verfolgen dieselben Ziele mit ihrer Personenmarke: mehr Sichtbarkeit, mehr Kontakte, mehr Erfolg und so weiter. Aber es gibt einen grundlegenden Unterschied zwischen den beiden Typen. Die einen sitzen in ihrem stillen Kämmerlein und grübeln, grübeln, grübeln über ihre Marke. Sie feilen an diesem einen Detail und fummeln an jenem anderen herum. Alles soll perfekt sein. Sie zweifeln auf einmal, ob das Gesamtkonzept trägt. Ja, sie sind sich plötzlich nicht mal mehr sicher, ob sie überhaupt eine Personal Brand brauchen. Also verschieben sie den Start ihres strategisch angelegten Personal-Branding-Prozesses lieber noch mal, wie schon seit Wochen oder Monaten. Und die anderen? Die legen einfach los. Zack. Klar, natürlich denken auch sie vorher meist gründlich nach. Aber irgendwann fangen sie an zu machen. Natürlich unterlaufen ihnen dabei auch Fehler, das ist ebenfalls klar. Sie straucheln, sie stolpern, sie fallen vielleicht sogar hin. Aber sie stehen wieder auf, sie klopfen sich den Staub ab und machen weiter. Es muss nicht perfekt sein, es soll echt sein.

Authentisch ist das neue perfekt.

Und irgendwann, meist nach gar nicht allzu langer Zeit, sind sie am Ziel und können sich über die ersten Erträge durch ihre Personal Brand freuen. Während die Grübler noch immer in ihrem stillen Kämmerlein hocken.

Der wichtigste Schritt auf deinem Weg zu einer Personal Brand ist – der erste!

Das heißt, jetzt kommt es darauf an, dass du in den Prozess einsteigst und beginnst, an deiner Personal Brand zu arbeiten. Die folgenden vier praktischen Kapitel werden dich dabei Schritt für Schritt begleiten. Wir machen zusammen vier große Schritte, die sich in kleinere Zwischenschritte unterteilen. Du wirst deine eigene Personal Brand ...

Finden, aufbauen, füllen, teilen. Deine Personal Brand folgt damit den »4 k«
des Personal Branding – klar, kredibel, konsistent, kontinuierlich. Was heißt
das im Einzelnen?

# Wie du deine Personal Brand mit den 4 k strukturierst

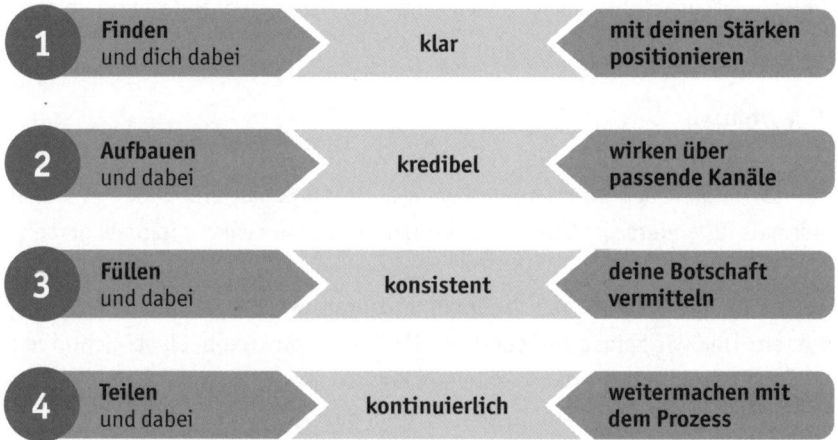

## 1. Finden

Im ersten praktischen Kapitel und mit dem ersten Schritt denken wir zunächst
einmal intensiv nach. Darüber, wer du bist, was dich ausmacht und antreibt.
Was deine besonderen Fähigkeiten, Stärken, Erfahrungen sind. Und wie du
dich mit all dem klar von deinen Wettbewerbern abgrenzen kannst. Was ist
dein Thema, was ist dein Anliegen, was ist deine spezielle Herangehensweise,
was sind deine Werte? Wie können andere Menschen oder Firmen davon profitieren? Und wen möchtest du als Zielgruppe ansprechen? Ganz am Anfang
steht allerdings die Frage, welches Ziel du mit deiner Personenmarke über-

haupt erreichen möchtest. Denn Personal Branding denkt sich vom Ziel her – danach richten sich alle folgenden Strategieplanungen und Maßnahmen. Mit den Ergebnissen aus diesen Überlegungen bekommst du mehr Klarheit darüber, was du kannst, wofür du stehst, wen du ansprechen willst und was du erreichen möchtest. Diese Erkenntnis gießen wir in einen Unique Communication Point (UCP), einen Markenclaim und ein Markenversprechen, die all das auf den Punkt bringen. Damit wirst du dich am Ende dieses Kapitels zunächst intern für dich positionieren. Das heißt, du teilst diese klare Positionierung noch nicht mit anderen. Erst wenn die Positionierung und damit deine Strategie stehen, machen wir einen Schritt nach draußen und nehmen konkrete und sichtbare Maßnahmen in Angriff.

## 2. Aufbauen

Diesen Schritt nach draußen vollziehen wir im zweiten praktischen Kapitel, wenn wir damit beginnen, deine Personal Brand konkret aufzubauen und so erstmals für andere sichtbar zu machen. Dafür wählen wir erst einmal gemeinsam aus, wie und wo du deine Zielgruppe ansprechen möchtest. Also: Über welche Kanäle willst du mit ihr kommunizieren, welche Medien möchtest du nutzen? Und wie zeigst du über diese Wahl, dass du kredibel bist? Schreiben, Bilder machen und Grafiken erstellen, Gesprochenes aufnehmen oder sogar kurze Filmclips drehen, online oder offline, dazu Bühnenauftritte oder Buchveröffentlichungen, das geht alles, auch miteinander kombiniert. Es muss nur passen – zu dir und deiner Personal Brand, zu deinem Thema und zu deiner Zielgruppe. Wir fangen damit an, deine Kanäle einzurichten und zu aktivieren. Am Ende dieses Kapitels stehst du mit einem gut ausgewählten Arsenal an Medien und sonstigen Kanälen da. Die Kommunikation darüber wird auf deine kredible Personal Brand einzahlen.

## 3. Füllen

Deine Positionierung ist klar. Deine Kanäle sind ausgewählt und vorbereitet. Aber Kanäle ohne Content vermitteln noch keine Botschaft. Darum füllst du sie jetzt. Und stellst dir ein Netzwerk aus konkreten Kontakten zusammen. Im dritten praktischen Kapitel knüpfen wir also Kontakte. Und wir beginnen damit, Inhalte zu erstellen und zu teilen, die eine konsistente Botschaft vermitteln. Deine Botschaft. Was ist deine Geschichte? Und was sind die Geschichten, die du anderen über dich und deine Arbeit erzählen möchtest? Was sollen andere über dich erfahren – und was nicht? Und kannst du dabei auch mal polarisierende Inhalte oder Positionen vermitteln? Nach diesem Kapitel sind deine ausgewählten Kanäle gefüllt mit ausgewählten Inhalten, die sie zu deiner Zielgruppe bringen, um ihr auf diese Weise konsistent deine Personal Brand zu vermitteln.

## 4. Teilen

Aber das ist noch nicht das Ende deines Personal-Branding-Projekts. Im Gegenteil: Jetzt geht es erst richtig los! Und es hört auch nicht mehr auf, solange du Personal Branding für dich aktiv nutzen möchtest. Du bespielst ab jetzt deine Personal Brand kontinuierlich. Darum stellen wir im vierten praktischen Kapitel einen Zeitplan für deine kurzfristigen, mittelfristigen und langfristigen Ziele auf. Wie hältst du den Ball ab hier im Spiel und teilst deine Botschaften kontinuierlich weiter? Wir schauen gemeinsam, welche Erwartungen du haben kannst und haben solltest. Und wir achten dabei auf einen realistischen Zeitplan mit ausreichend Puffer. Auf welche Hindernisse kannst du im weiteren Verlauf stoßen, und wie gehst du mit Kritikern um? Wie misst du deinen Erfolg? Und welche Meilensteine möchtest du bis zu welchem Zeitpunkt erreicht haben?

Und jetzt: fangen wir an!

# 5.
# Finden – wie du dich klar positionierst

Einem antiken Mythos zufolge ließ der griechische Göttervater Zeus einst zwei Adler von entgegengesetzten Enden der Erde aufeinander zufliegen. Die beiden Raubvögel trafen sich in Delphi. Der griechische Ort galt darum fortan als Mittelpunkt der Welt. In Delphi errichteten die alten Griechen einen Tempel zu Ehren ihres Gottes Apoll, der im griechischen Pantheon unter anderem zuständig war für Licht, Heilung, sittliche Reinheit sowie für Weissagung. In die Säulen der Tempelvorhalle meißelten die griechischen Tempelbauer Sinnsprüche, die später als »apollonische Weisheiten« bekannt werden sollten. Neben dem natürlich ewig gültigen »Nichts im Übermaß« stand dort auch die Aufforderung: »Erkenne dich selbst«.

Erkenne dich selbst. Was soll das heißen? Natürlich gibt es unterschiedliche Auslegungen dieses leicht rätselhaften Spruchs. Wir haben es hier ja schließlich mit Religion zu tun, da muss nicht immer alles eindeutig sind. Für uns ist vor allem eine Interpretation interessant. Demnach solle die Erkenntnis der eigenen Innenwelt den Menschen zunächst dabei helfen, ihre eigenen Probleme zu lösen und die Fragen zu beantworten, die sie mit sich herumtragen. Und nur wer sich selbst erkannt und verstanden hat, ist dann auch in der Lage, nach außen zu schauen, um in der Außenwelt Probleme zu erkennen und zu lösen. Oder anders gesagt: Wer sich selbst reflektiert hat, kann auch andere Projekte in Angriff nehmen. Rund zweitausend Jahre später hat der deutsche Philosoph Arthur Schopenhauer denselben Gedanken so formuliert: »Ein Mensch muss wissen, was er will, und wissen, was er kann: Erst so wird er Charakter zeigen, und erst dann kann er etwas Rechtes vollbringen« (Schopenhauer 1839). Nur wenn die eigene Individualität mit allen Vorlieben und Talenten transparent werde, gebe es die Möglichkeit, das Leben gezielt und geplant zu gestalten.

Warum ist es notwendig, dass wir uns selber erkennen? Müssten wir uns nicht eigentlich darüber im Klaren sein, wer wir sind? Wer, wenn nicht jeder Einzelne von uns, müsste das über sich wissen? Aber ganz so einfach ist es halt nicht. Ganz so einfach sind wir nicht. Im Gegenteil, wir sind ziemlich komplex und kompliziert. Wir verändern uns. Entfernen uns von unserem Selbstbild.

*Selbsterkenntnis ist der erste Schritt auf dem Weg zur (Ver-) Besserung.*

Sind dann nicht mehr derjenige oder diejenige, die wir zu sein denken. Und gleichen uns auch anderen an, werden ihnen immer ähnlicher. Und das, obwohl wir doch als Originale geboren werden! Jeder und jede von uns. Schon Babys gleichen nicht eins dem anderen, auch wenn es auf den ersten Blick manchmal so aussieht. Und im Laufe seines Lebens wird der Mensch noch individueller. Er prägt seine Identität aus.

Diese Identität setzt sich zusammen aus den unverwechselbaren Eigenarten, die jeder Mensch angeboren mitbringt, etwa Naturbegabungen oder grundlegende Charakterzüge. Ungefähr die Hälfte des Charakters ist vorgegeben durch die Gene sowie durch frühkindliche Erziehung. Die andere Hälfte unserer Identität wird durch das Leben gestaltet. Sie formt sich im Laufe der Zeit, während wir mit der Außenwelt in einem Zusammen- und Wechselspiel stehen. Wo lebe ich, was tue ich im Leben, mit wem gebe ich mich ab? Welche Entscheidungen treffe ich, welche Erfahrungen sammle ich, welche Erkenntnisse gewinne ich daraus? Wir grenzen uns ab gegenüber anderen Menschen, aber wir interagieren auch mit ihnen: Wir tun etwas, die anderen reagieren darauf, woraus wir Erfahrungen ziehen und worauf wir wieder reagieren. Und endlos so weiter. Dazu kommt noch gezielte Eigentransformation – zum Beispiel wenn man sich abgewöhnt, bei jeder Kritik gleich durch die Decke zu gehen.

Wer und wie du bist, das ist also in ständiger Bewegung. Aber diese Bewegung ist langsam, graduell und findet nur an bestimmten Punkten statt. Die Wissenschaft geht davon aus, dass sich die Grundlagen der Identität ungefähr mit einundzwanzig Jahren gefestigt haben – und dann für den Rest des Lebens so bleiben, sofern es keine großen Erschütterungen durch Kriege, Krankheiten oder sonstige Katastrophen gibt. Zusammen ergibt sich damit ein Set von Eigenschaften, die Menschen an sich selbst sowie die Umwelt an diesen Menschen als konstant empfinden. Also bestimmte Verhaltensweisen, Eigenarten, typische Reaktionsmuster auf Situationen und so weiter, die immer da sind. Kombiniert man nun diese Identität noch mit dem äußeren Erscheinungsbild eines Menschen, also Körperbau, Gesicht, Haut- und Haarfarbe et cetera, dann kann man wohl ziemlich sicher davon ausgehen, dass jeder Mensch einzigartig ist.

Es gibt jeden und jede von uns nur ein Mal auf der Welt .

Das Problem ist: Viele von uns vergessen das. Und wir zeigen es manchmal auch nicht richtig – besonders im Berufsleben. Stattdessen entwickeln wir uns leider oft zu einer Kopie von jemand anderem. Wir verwandeln uns also von einem Original zu einer Kopie. Eigentlich ja ein Vorgang, der die Logikzellen in unserem Hirn zum Schmelzen bringen könnte. Von der Kopie zu einem eigenen Original – das ist vorstellbar. Aber andersrum? Von einem einzigartigen Original zu einer Kopie wie viele andere? Verrückt. Aber so läuft es leider oft. Wir gleichen uns anderen an, wir orientieren uns an anderen, machen sie nach. Wir laufen halt gern mit der Herde, bleiben sicher in der Gruppe. So werden wir zu Menschen wie andere. Wir tragen das Gleiche wie viele andere, sagen das Gleiche, tun das Gleiche und denken sogar das Gleiche. Wir sind dann nur noch ein einfaches kleines Schaf inmitten anderer Schafe.

Aber wir haben ja gesehen: Wie jeder Mensch bist du etwas, das niemand sonst ist. Du kannst etwas, das niemand sonst kann. Du hast ein besonderes Know-how, das nur du hast. Etwas, wofür du stehst. Jetzt geht es darum, dass du in dich gehst, offen über dich selbst reflektierst, dich strukturiert erkundest und dieses Etwas findest. Du wirst mehrere besondere Leidenschaften und Fähigkeiten in dir haben, wie jeder Mensch. Davon solltest du natürlich das Etwas auswählen, das du beruflich nutzen möchtest und kannst. Also jene Leidenschaften, denen du gern nachgehst, jene Aufgaben, die du besonders gut erledigst, mit Antrieb und Verve und Energie. Und dann formulierst du dieses Etwas, das sich daraus ergibt, und positionierst dich damit klar und setzt dich eindeutig unterscheidbar von Wettbewerbern. Das kann eine Positionierung als herausragende Tech-Expertin in einem bestimmten Bereich sein, eine als bester Motivationsredner, eine als starker Krisenmanager. Es kann sogar – wie man am Beispiel der US-Unternehmerin Martha Stewart sieht – eine Positionierung als beste Vorzeige-Hausfrau sein. Auch darauf lässt sich ein Geschäftsmodell aufbauen. In jedem Fall muss es etwas sein, das du anders und besser machst als andere – und von dem andere denken, dass du es anders und besser machst als andere. Warum sollte sich jemand mit dir beschäftigen, wenn du die Nummer 2 oder vielleicht sogar die Nummer 117 oder 2183 auf dem Gebiet bist?

Wichtig ist: Du wirst dich auf etwas festlegen müssen. Auf eine Positionierung. Auf eine Zielgruppe. Und auf bestimmte Ziele. Denn du kannst nicht alles gleichzeitig sein und tun.

## Wie deine Identität und deine Darstellung geformt werden

| Eigenwahrnehmung | Identität und Darstellung | Fremdwahrnehmung |
|---|---|---|
| Wie sehe ich mich selbst? | Wer bin ich? Was stelle ich dar? | Wie sehen andere mich? |

# 5.1 Was will ich mit Personal Branding erreichen?

In einem Unternehmen ist das Vorgehen selbstverständlich: Der CEO oder die Abteilungsleiterin oder der Experte für das jeweilige Sachgebiet geben ein Ziel vor. Das kann eine bestimmte Absatzmenge sein, eine bestimmte Umsatzhöhe oder die Eroberung eines bestimmten Marktanteils. Und dann ziehen alle an einem Strang: Forschung & Entwicklung, Design, Einkauf, Herstellung, Marketing und Vertrieb koordinieren ihre jeweiligen Strategien so, dass das Unternehmen am Ende das Ziel möglichst erreicht. All diese Teilbereiche der Produktion sind dabei also kein Selbstzweck. Kein Unternehmenslenker würde ohne weitere Angaben die Designabteilung auf irgendein Produkt ansetzen, den Vertrieb in Alarmstimmung versetzen oder andere Ressourcen verplanen. Sondern sämtliche Schritte in diesem Prozess dienen dem jeweils vorgegebenen Ziel.

Diese Reihenfolge vergessen manche beim strategischen Nachdenken über ihre Personal Brand. Sie fangen am falschen Ende an. »So«, sagen sie und hauen mit der Hand auf den Tisch, »ich möchte jetzt eine Marke werden!« Ähm, okay, aber warum eigentlich? Wozu soll das gut sein? Welches Ziel steht am Ende? Du willst dich ähnlich wie ein Unternehmen verhalten und dich zu einer Marke machen? Also denke auch wie ein Unternehmen und stelle die Frage nach deinem Warum ganz an den Anfang!

Personal Branding denkt sich vom Ziel her.
- Du möchtest eine neue Stelle finden?
- Du möchtest befördert werden?
- Du möchtest mit deinem beruflichen Angebot in den Medien präsenter werden?
- Du möchtest als Speakerin gebucht werden?
- Du möchtest eine Plattform für Fachartikel etablieren?
- Du möchtest von deinem Produkt oder deiner Dienstleistung mehr verkaufen?
- Du möchtest neue Kundengruppen oder Marktanteile erobern?

- Du möchtest deinen Umsatz und deinen Gewinn steigern?
- Du möchtest in den Aufsichtsrat berufen werden?
- Du möchtest finanziell unabhängig werden?
- Du möchtest, dass dein Name synonym steht für das Produkt oder die Dienstleistung, die du anbietest?

Das sind alles Ziele, die du über dein Personal Branding ansteuern kannst. Werde dir über dein Ziel klar. Alle nachfolgenden Schritte, wie die gesamte Strategie und das weitere Vorgehen, richten sich danach aus. Auch Budgets für Geld und Zeit, die du einplanst. Natürlich kannst du auch gleich mehrere Ziele ins Visier nehmen. Je nachdem, ob und wie diese Ziele miteinander zusammenhängen, kann das den Aufbau deiner Personal Brand allerdings komplizierter gestalten. Und wenn es zu viele unterschiedliche Ziele werden, wirst du dich im Gestrüpp verheddern. Denn du kannst nicht auf allen Hochzeiten zugleich tanzen.

Bleibe möglichst einfach und klar in deinen Zielen.
Und schreibe sie auf, damit du sie stets vor Augen hast.

## 5.2 Wen will ich mit Personal Branding erreichen – und wen nicht?

Das Blatt mit deinen Zielen hängt jetzt vielleicht auf Augenhöhe vor dir an der Pinnwand. Um dieses Ziel zu erreichen, werden andere dich unterstützen müssen. Kein Mensch ist eine Insel, und kein Mensch arbeitet allein. Es gibt Kunden, Kollegen, Personalverantwortliche, Vorgesetzte, Gatekeeper, Auftraggeber, Journalisten, Projektpartner, Wettbewerber und so weiter, von deren Zuspruch und Mitwirken du abhängst. Mindestens eine dieser Gruppen wirst du ansprechen müssen, um dein Ziel zu erreichen. Darum ist die zweite Überlegung in deinem Personal-Branding-Prozess: Wen willst du adressieren? Wer soll von dir erfahren? Wer könnte sich für dein Produkt oder dein Knowhow oder deine Qualifikation interessieren? Welche Anregungen und Ideen

*Personal Branding
dreht sich nicht um
dich. Sondern um die
anderen.*

hast du für wen genau? Wer könnte von dir profitieren, für wen bietest du Mehrwert? Für wen kannst du einen Beitrag leisten, von dem beide Parteien profitieren? Kurzum: Wer ist deine Zielgruppe? Die Antworten auf diese Fragen sind fast ebenso wichtig wie die nach dem Ziel. Denn, du erinnerst dich sicher an meine Entgegnung auf den Einwand, Personal Branding sei doch nur eine reine Egoshow: Im Zentrum von Personal Branding stehst gar nicht du selbst.

Fangen wir mal damit an, wen du nicht ansprechen solltest: alle. »Aber mein Angebot ist doch für möglichst alle!«, wirst du vielleicht entgegnen, weil du denkst: »Je mehr potenzielle Kontakte, desto mehr Absatz, Umsatz, Gewinn, Erfolg.« Wirklich? Kannst du von der alleinerziehenden Mutter, die als Grafikdesignerin im Homeoffice arbeitet, über den Senior-Vertriebsspezialisten für den Automotive Aftermarket bis zum fachbuchschreibenden BWL-Universitätsprofessor jede und jeden mit ein und derselben Botschaft erreichen? Um es klar zu sagen: ich glaube, nein. Diese Zielgruppe ist zu unspezifisch. Sie ist unklar. Wenn du dich an jedermann und seinen Bruder richtest, also an die breite Masse, dann versandet deine Botschaft. Je breiter das Angebot, desto unklarer nehmen es andere war. Es wirkt unkonkret und wischiwaschi. Du verschwendest deine Energie, weil sich niemand wirklich von deiner Brand angesprochen fühlt – während deine eigentliche Zielgruppe nicht mal mitbekommt, dass du ein interessantes Angebot für sie in petto hast. Wenn also die Antwort auf die Frage nach deiner Zielgruppe etwas Umfassendes ist wie »Start-up-Gründer«, »Frauen mit Interesse an Computern« oder, noch besser, »alle Interessierten«, dann bist du auf dem Holzweg. Du musst spitzer werden, spezifischer! Zum Beispiel: »Ich wende mich an Start-up-Gründer aus dem Health-Bereich in der zweiten Finanzierungsphase«. Oder: »Mein Target sind IT-Spezialistinnen, die sich für objektorientiertes Programmieren in den Sprachen NET und Ruby interessieren«. So klingen potenzielle Zielgruppen!

# Case 3 – meine Erfahrungswerte

## Zielgruppe für ein kompliziertes Thema

Das Berliner Unternehmen Turbine Kreuzberg entwickelt digitale Plattformen und Anwendungen. Zu den aktuellen Projekten gehört eine dezentrale elektronische Patientenakte auf der Basis von Blockchain-Technologie. Das ist eine hochinnovative Anwendung im Gesundheitsbereich – sicherer und besser als die zentralistisch organisierte elektronische Patientenakte (ePA).

Blockchain-Anwendungen sind für Laien oft schwer zu verstehen. Wir haben es uns bei PIABO zum Ziel gesetzt, für die Story dieser Health-Blockchain eine passende Zielgruppe zu definieren, damit diese davon erfährt. Dazu gehören – neben Digital- sowie Gesundheitspolitikern – einerseits Mediziner und Verbandsvertreter der Health-Branche, die für digitale Themen offen sind. Und andererseits Digitalaktivisten und IT-Praktiker, die auch an medizinischen Themen interessiert sind. Sehr speziell also. Aber wer eine Zielgruppe so exakt zuschneidet, der erreicht sie auch.

Deine Zielgruppe sollte also möglichst konkret und klar abgegrenzt sein. Je mehr du dich fokussierst, desto leichter wirst du es bei der Kontaktaufnahme haben. Denn mit einer konkreten Vorstellung deiner Zielgruppe im Kopf kannst du genau dorthin gehen, wo sich auch deine Zielgruppe aufhält. Du wirst sie treffen, du kannst ihre Sprache sprechen – und du kannst ihr nicht zuletzt passende Angebote unterbreiten, die exakt die Bedürfnisse erfüllen, die deine Zielgruppe gerade umtreiben. Dafür solltest du deine Zielgruppe mit zwei, drei Sätzen oder in ein paar Bulletpoints schriftlich festhalten.

Was gehört zu diesen Notizen? Ein erster Schritt, um deine Zielgruppe einzugrenzen, könnte die grundlegende Überlegung sein, ob du dich an Endverbraucher oder an Businesskunden wenden willst. Das wird Einfluss darauf haben, welche Kanäle du zur Ansprache auswählst und mit welcher Sprache du deine Zielgruppe ansprichst. Zu beidem, Kanäle und Sprache, kommen wir in den folgenden Kapiteln dieses Buchs. Aber halte deine Ausrichtung jetzt schon explizit fest, damit du später gleich die richtige Wahl triffst. Darauf folgen möglichst detaillierte weitere Überlegungen. Am wichtigsten ist diese: Welcher beruflichen Tätigkeit geht deine Zielgruppe nach, vor welchen Herausforderungen stehen Menschen in diesen Jobs gerade, und welche Bedürfnisse ergeben sich daraus? Schreib es auf. Aber auch: Welche Qualifikationen hat deine Zielgruppe, wie alt ist sie, besteht sie eher aus Männern oder eher aus Frauen, oder ist sie gemischt? Und: Wo hält sich deine Zielgruppe auf, physisch und digital? Also an welchen Orten kannst du sie treffen, und welche Seiten im Internet besucht sie? Weil du deine Personal Brand zu großen Teilen medial vermitteln wirst, ist nicht zuletzt die Frage wichtig, welche Medien und Kommunikationsplattformen deine Zielgruppe nutzt, sodass du sie dort ansprechen kannst. Also: Was liest deine Zielgruppe, was hört sie, was schaut sie, wie kommuniziert sie? Magazine und Zeitungen, gedruckt oder online, Podcasts, Industrie-Newsletter, Fernsehsendungen, Social Media, YouTube, Blogs, was auch immer. Da musst auch du hin! Du willst mit deiner Brand nicht auf die Titelseite der »Bild«-Zeitung oder des »Spiegels«. Also nicht in die Massenmedien. Denn du willst ja nicht jedermann ansprechen. Sondern in genau die Publikationen und Kommunikationskanäle, die exakt deine Zielgruppe nutzt.

Mit deinem kurzen Porträt in ein paar Sätzen oder Stichworten hast du nun eine erste Vorstellung von deiner Zielgruppe. Und jetzt? Jetzt überlegst du dir, mit welchen Mitgliedern deiner Zielgruppe genau du als Erstes Kontakt aufnehmen möchtest. Wo setzt du an? Dafür identifizierst du am besten zuerst die Key Player auf deinem anvisierten Gebiet. Wer ist besonders sichtbar? Wer sind die wichtigsten Personen in dem Feld, wer gilt als Key-Influencer, Gatekeeper, Mentor, Meinungsführer? Wer hat viele Follower – wobei »viel« je nach Spezialisierungsgrad deines Themas schon bei einer Handvoll losgehen kann. Nach oben ist die Grenze natürlich offen. Dazu kommen entscheidende Journalist:innen und Blogger:innen, die über dein Thema berichten. Für eine erste Liste hilft schon googeln. Auch in Offline-Publikationen, Online-Foren oder bei Forschungseinrichtungen, Fachverbänden oder Marktführerunternehmen findest du Namen von wichtigen Playern auf deinem Themenfeld. Aus diesen Movern und Shakern erstellst du eine Liste mit den Top 10 oder 20. Du wirst sie im weiteren Prozess ständig erweitern und verfeinern.

Daneben solltest du eine Liste mit deinen wichtigsten Wettbewerbern aufstellen. Natürlich sind sie nicht direkt eine Zielgruppe deiner Personal Brand, du sprichst sie nicht direkt an mit deinen Botschaften. Sie sind ja schließlich immer noch deine Wettbewerber, und sie müssen nicht unbedingt stets genau wissen, woran du gerade arbeitest und was du anbietest. Aber umgekehrt solltest du sie im Auge behalten. Denn du kannst von ihnen lernen. Dafür erstellst du eine Liste der Besten der Besten, die auf deinem Gebiet aktiv sind, die Meinungsführer und Marktführer, die mit dem höchsten Absatz, den meisten Followern, dem größten Einfluss. Das ist deine Benchmark, daran orientierst du dich. Du findest sie unter anderem über Rankings in Fachmagazinen, in Branchenforen oder auf spezialisierten Blogs. Dazu kommen einmal mehr Ergebnisse einer simplen Google-Suche zu deinen Keywords. Oder du lässt dir ganz offen und ehrlich von deinen Kunden deine wichtigsten Mitbewerber nennen. Wen haben die Kunden auch auf ihrer Liste, und warum? Und dann schaust du sie dir genau an: Was tun sie, was macht sie erfolgreich, worin sind sie besonders gut? Was sind ihre Themen, wie bereiten sie diese Themen auf, wann, wo und in welcher Form sprechen sie darüber, online wie offline? Auf welchen Kanälen sind sie aktiv, wo netzwerken sie, wie klingen sie, wie wirken sie insgesamt? Und wie gestalten und führen sie ihre Marke? Aber auch: Was übersehen sie? Wo sind sie nur halbherzig am Werk? Was bieten sie vielleicht gar nicht an? Welche Marktlücken kannst du also zwischen den Platzhirschen für dich entdecken? Wie sprechen sie ihre Zielgruppe an? Ist es dieselbe Zielgruppe wie deine? Kommunizieren sie mit ihnen auf dieselbe Art wie du? Dann musst du unbedingt deine Positionierung nachjustieren. Definiere deine Zielgruppe etwas anders. Und sprich sie etwas anders an.

Grenze dich klar von den anderen ab.

## 5.3 Was kann und weiß nur ich?

Eigentlich wurde der Rapper Tupac 1996 auf offener Straße erschossen. Trotzdem spielte er 2012 live beim Coachella-Festival in den USA – als Hologramm-Projektion. Auf dieselbe Weise treten auch der 1993 verstorbene Rockmusiker Frank Zappa oder die Opernsängerin Maria Callas, die schon seit 1977 nicht mehr unter den Lebenden weilt, als künstliche Avatare weiter auf. Wie diese Musikstars kann heute fast alles irgendwie simuliert werden, ob nun per Hologramm-Projektion oder per Virtual Reality beziehungsweise Augmented Reality. Dazu kommen Fake News im Internet oder spezielle Voting-Bots, die Bewertungsportale oder gleich ganze Wahlen manipulieren. Alles ist digital, und damit ist alles simulierbar und manipulierbar, so fühlt es sich zumindest manchmal an. Kein Wunder, dass die ganze Welt nach Glaubwürdigkeit und Authentizität lechzt. Letzteres kommt vom altgriechischen Begriff »αὐθεντικός« oder auch »authentikós« für »echt«. Und Echtheit ist heutzutage wichtiger denn je. Das gilt auch für dich und deine Personal Brand: Du willst von deiner Zielgruppe als authentisch und original wahrgenommen werden und nicht als Kopie, Inszenierung oder Hologramm-Projektion. Das muss deine Positionierung leisten. Lass uns darum einmal darüber nachdenken, was an dir echt und unverwechselbar ist. Du erfindest dich für deine Positionierung also nicht neu oder passt dich deiner Zielgruppe an.

Das würde dir auch keiner abnehmen. Es geht hier nicht darum, dass du dir einfach eine neue Verpackung für deinen Inhalt zulegst. Es geht hier um die Substanz. Deine Substanz. Die gilt es zu finden, offenzulegen, herauszustellen und in deinem Sinne zu nutzen. Du berufst dich mit deiner Positionierung auf deinen wahren, echten Kern, deine berufliche DNA. Das sind deine Fähigkeiten, Qualifikationen, Erfahrungen und Werte. Das, was dich ausmacht. Was dich von allen anderen unterscheidet.

Deine berufliche DNA macht dich für andere wertvoll und unverwechselbar.

Um sie zu finden, schauen wir auf zwei Aspekte der Positionierung. Der erste ist der Inhalt, also was du zu leisten imstande bist und für andere beitragen kannst. Es ist dein »Was«: Was du tust. Der zweite ist die Form, also auf welche spezielle Art und Weise du deine Leistung erfüllst. Es ist dein »Wie«: Wie du es tust. Beides, Inhalt oder Form, kann nur auf deinem herausragenden Können basieren, auf besonderen Fähigkeiten oder Informationen oder Begabungen, die nur du hast und mit denen du andere bereichern kannst.

Dein Können ist die Basis für alles.

Deinen unverwechselbaren Inhalt – oder auch dein Was – findest im Grunde mit deiner Antwort auf diese Frage: Bei welchem Thema könntest du mit den fünf führenden Expertinnen und Experten weltweit auf einer großen Bühne stehen und diskutieren – und dich dabei pudelwohl in deiner Haut fühlen? Also: Auf welchem Feld macht dir beruflich so leicht keiner was vor? Was kannst nur du, was weißt nur du, was kannst nur du beitragen? Worin bist du kompetenter und/oder talentierter als andere? Was war beruflich bisher dein erfolgreichstes Projekt? Für welche beruflichen Aufgaben bist du Feuer und Flamme? Bei welcher Tätigkeit vergisst du die Zeit? Welche Leistungen und Leidenschaften, Grundhaltungen und Glaubenssätze, Werte und Talente kannst du für andere beisteuern? Dazu kommen, etwas sachlicher und konkreter, noch greifbare Erfahrungen aus deinem Werdegang. Also Qualifikationen wie etwa Schul- und Hochschulabschlüsse sowie Fachkompetenzen, etwa ein gehobenes Sprachniveau in einer Fremdsprache oder Abschlüsse von Fortbildungslehrgängen. Das ist dein unverwechselbarer Inhalt. Ein paar Beispiele:

*»Ich bin ein herausragender Editorial-Designer.«*
*»Ich spreche Mandarin fast wie eine Chinesin.«*
*»Meine Präsentationen sind perfekt strukturiert, und ich trage sie ohne Makel vor.«*
*»Wenn ich Panels moderiere, habe ich Podiumsgäste und Publikum im Griff.«*

Jetzt schauen wir mal nach deiner unverwechselbaren Form – oder auch deinem Wie: Auf welche Weise kannst du berufliche Aufgaben mit Erfolg ganz anders erledigen als andere? Nehmen wir mal Zeitungskommentatoren: Die eine ist vielleicht eher als konservativer Knochen bekannt, von dem anderen weiß man, dass er ein offengeistiger Liberaler ist. Sie unterscheiden sich also in der Art und Weise, wie sie Politik oder Wirtschaft kommentieren – aber sie sind beide Kommentatoren, jeweils mit ihrer speziellen Form. Welche Leistungen bietest du mit deiner ganz speziellen Form an? Gibt es noch jemanden, der oder die das so macht wie du? Die Antworten auf diese Fragen haben viel mit deiner Persönlichkeit zu tun: Was für ein Typ bist du im Job? Was charakterisiert deinen Stil, dein Verhalten, deine Tonalität? Bist du zum Beispiel diszipliniert, dynamisch, loyal, verbindlich, humorvoll oder flexibel? Dazu kommen komplexere Fragen: Wie baust du Beziehungen zu anderen auf, und auf welche Weise bietest du ihnen etwas an, sodass sie auch Beziehungen zu dir aufbauen möchten? Wie unterstützt du Unternehmen, Geschäftspartner oder Angestellte so, dass sie von dir profitieren? Wie inspirierst du andere und unterstützt sie? Zu diesem Bereich gehören auch deine sozialen Fähigkeiten, mit anderen Menschen zu interagieren, sie zu inspirieren, zu coachen und zu führen. Zusammengenommen ergeben solche Aspekte deine unverwechselbare Form. Ein paar Beispiele:

*»Ich genieße es, mit anderen Menschen gemeinsam an einem Projekt zu arbeiten.«*

»Ich bin sehr gut darin, anderen zuzuhören und sie in Diskussionen zu neuen Sichtweisen zu bewegen.«

»Ich liebe den Wettbewerb mit anderen um das beste Angebot, die schnellste Lieferung, das effizienteste Konzept.«

»Ich finde leidenschaftlich gern Problemlösungen, auf die vorher niemand anderes gekommen ist.«

Und übrigens: Wenn du eher extrovertiert bist, dann versuche gar nicht erst, dich bei deiner Form als ruhigen Strategen zu positionieren, der hinter den Kulissen arbeitet. Und andersrum, wenn du eher schüchtern und introvertiert bist, dann stell dich nicht als coole Rampensau dar, der Trubel und Aufmerksamkeit nichts ausmachen. Deine Zielgruppe wird schnell merken, ob Positionierung und Wirklichkeit zusammenpassen – spätestens wenn sie dich mit rotem Kopf leise stotternd auf einer Bühne erleben oder wenn sie bemerken, dass du bei mühsamen Strategiegrübeleien ungeduldig mit den Hufen scharrst.

Nicht jeder ist dafür gemacht, bei einer Podiumsdiskussion ein großes Publikum in den Bann zu ziehen – und auch nicht dafür, sich sorgfältig durch das manchmal notwendige Kleinklein von Marktanalysen oder Abrechnungsdetails zu wühlen. Beide Wesenszüge, Extrovertiertheit wie Introvertiertheit, haben ihre Vorteile im Berufsleben. Steh' dazu und zeig lieber gleich, wie du bist!

In jedem Fall hast du jetzt für deine Positionierung vermutlich einen riesigen Haufen von Ideen, Aussagen und Ansätzen beisammen, und zwar sowohl inhaltliche als auch formale, mehrere Was und Wie. Jeder von uns kann viel und weiß viel und tut viel. Viel Unterschiedliches. Stell dir mal einen Professor für Innovationsforschung vor. Hervorragender Teamplayer und Gruppenmoderator. Spielt aber auch exzellent Oboe. Und kennt sich sehr gut aus auf Kuba, weil er da schon zwanzig Mal Urlaub gemacht hat. Also ein Oboe spielender und teamfähiger Innovationsprofessor mit Kuba-Affinität. Das ist keine Positionierung. Du musst deinen riesigen Ideenhaufen darum jetzt eindampfen!

Deine persönliche Marke lässt sich auch verstehen als das zugespitzte Bild von dir in den Köpfen von anderen. Darum also wählst du nun aus all den möglichen Inhalten und all den möglichen Formen, die dir zu dir selber eingefallen sind, diejenigen aus, die dir am fruchtbarsten für eine einzigartige berufliche Positionierung erscheinen. Und diese Positionierung schreibst du jetzt auf. Um bei den Beispielen von oben zu bleiben, könnte sie lauten:

*»Ich spreche fast perfekt Mandarin und arbeite dabei gern mit anderen an einem gemeinsamen Projekt.«*

Oder:

*»Mit meinen perfekt strukturierten Präsentationen gewinne ich liebend gern Wettbewerbe um das beste Angebot.«*

So ähnlich klingt deine einzigartige Positionierung. Die möchtest du anderen vermitteln. Ich nenne diese verdichtete einzigartige Positionierung darum:

### Unique Communication Point (UCP)
Und wenn du deinen Unique Communication Point gefunden hast, dann bleibst du dabei. Lass dich nicht ablenken. Wir haben das Sprichwort »Schuster bleib bei deinen Leisten« ganz am Anfang dieses Buchs schon mal gehört. Da war es als Kritik gemeint. Hier aber verwende ich es im Gegenteil als Ratschlag: Konzentriere dich, um im Bild zu bleiben, auf deinen Job als Schuster und werde damit wirklich erfolgreich – anstatt nebenbei auch noch Haare zu schneiden und Blumen zu verkaufen.

*Eine Personal
Brand verdichtet,
konzentriert, bringt
auf den Punkt.*

## 5.4 Sollte ich mich konzentrieren oder lieber breit aufstellen?

Wer kennt nicht diese Situation, etwa beim Empfang nach einer Konferenz, beim Wanderausflug mit Freunden und deren Freunden oder einfach im Speisewagen des ICE von München nach Berlin: Du kommst mit jemandem ins Gespräch – und irgendwann früher oder später fragst du deinen Gesprächspartner: »Und was machen Sie so beruflich?«. Angenommen, der antwortet nun einfach: »Ich bin Investor«, dann ist das für privaten Small Talk wie eine Sackgasse. Also ein Investor für alles Mögliche? Für dies und das, für unterschiedliche, äh: Investments? Gähn. Wenn du nicht hartnäckig nachfragst, geht es von hier aus nirgendwohin weiter. Gespräch vorbei. Würde dein Gegenüber jedoch antworten: »Ich bin Investor für den Early-Stage-Bereich von Fintech-Start-ups«, dann wird es schon interessanter. Oder, eins meiner Lieblingsbeispiele, dein Gegenüber antwortet: »Ich bin Investor und habe mich auf Investments in seltene und sehr teure Stradivari-Geigen spezialisiert«, ja, dann täte sich gleich eine ganze Reihe von Anknüpfungsmöglichkeiten auf. Das kann weiter reiner Small Talk sein, der aber ab diesem Moment garantiert unterhaltsam sein wird. Oder, wer weiß, vielleicht bist du ja auch vom Fach – und schon seid ihr nicht nur im Gespräch miteinander, sondern auch bald im Geschäft. Natürlich ist die Wahrscheinlichkeit dafür, dass es bei dieser exakten und etwas außergewöhnlichen Positionierung zwischen dir und deinem Gesprächspartner passt, nicht gerade extrem hoch. Aber wenn es passt, kannst du dir sicher sein, dass es Folgen haben wird. Dann werdet ihr zumindest übers Geschäft miteinander sprechen. Und dein Gegenüber erzählt ziemlich sicher auch seinem Netzwerk von dir.

# Case 4 – meine Erfahrungswerte

## Die Positionierung von PIABO

Lohnen sich exakte, spitze Positionierungen? Wir haben uns bei PIABO auf PR für Technologieunternehmen, deren innovative Unternehmer:innen und deren Ökosysteme spezialisiert. Also für aufstrebende Unternehmen, die an ihren meist dynamischen Märkten neu antreten und schnell wachsen und erfolgreich werden wollen. Für sie sind wir ein echter Partner auf Augenhöhe, wir denken mit, stellen die richtigen Fragen und geben ehrliche Antworten. Diese spitze Positionierung macht uns in Deutschland und Europa zum ersten Ansprechpartner für alle, die in dieser Disziplin tatkräftige Unterstützung suchen, denn wir verstehen die spezifischen Geschäftsmodelle, kennen die entsprechend relevanten Influencer in der Industrie und können so einen deutlichen Mehrwert schaffen. PIABO lehnt auch Projekte ab, wenn wir spüren, dass wir und der potenzielle Partner nicht zueinander passen. Schließlich formt jeder Auftraggeber auch die Außenwahrnehmung. Die richtige spitze Positionierung macht dir auch klar, für wen du nicht der richtige Ansprechpartner bist – und für wen du genau der oder die Richtige bist. Natürlich hat das auch ganz klaren Einfluss auf meinen eigenen Personal Brand. Zu welchen Themen ich mich äußere, auf welchen Veranstaltungen ich auftrete oder welche Netzwerke ich bespiele.

Fragst du dich nun also, wie genau und spitz du dich mit deiner Personal Brand positionieren solltest, dann kann ich eindeutig antworten: Ich habe es selten erlebt, dass sich jemand zu spitz positioniert hat. Im Gegenteil, viel häufiger kommt es vor, dass sich Menschen zu breit aufstellen und damit ihr Profil verwässern. Wie genau erinnerst du dich an eine Gesprächspartnerin, die von sich gesagt hat: »Ich bin Spezialistin für den Mittelstand«? Wenn die Frau aber gesagt hat: »Ich bin eine Finanzierungsexpertin für mittelständische Betreiber von Biomasse-Kraftwerken«, dann wirst du später schon eher zwei Mal über sie nachdenken. Oder stell dir diesen Dialog vor:

Du: *»Ich möchte mich als Experte für Yoga positionieren.«*
Resonanz: *»...«* (Schweigen – Yoga-Experten gibt es mittlerweile gefühlt so viele wie Spatzen in der Großstadt.)
Du: *»Ich möchte der Experte für Yoga für Schwangere werden.«*
Resonanz: *»Mh-hm.«* (Immerhin denkt der andere vermutlich mal kurz über deinen besonderen Ansatz nach.)
Du: *»Ich bin der Experte dafür, wie Schwangere sich mit indischem Hatha-Yoga perfekt auf die anstehende Geburt vorbereiten können und zugleich noch fit bleiben trotz ihrer anderen Umstände.«*
Resonanz: *»Aha, wie spannend, meine beste Freundin ist gerade schwanger und sucht genau so etwas. Schick mir doch mal deinen Kontakt!«*

Du erhältst: ein Aha-Erlebnis. Und solche Aha-Erlebnisse möchtest du doch anregen. Natürlich schränkt eine spitze Positionierung beziehungsweise ein spitzer Unique Communication Point die Wahrscheinlichkeit ein, dass es genau passt zwischen dir und deinem Ansprechpartner. Andererseits aber erhöht eine spitze Positionierung die Wahrscheinlichkeit, dass deinem Gegenüber gleich jemand einfällt, dem dein Ansatz weiterhelfen würde. Oder er ist selbst interessiert. In jedem Fall ist eine spitze Positionierung verheißungsvoller – und meist auch erfolgreicher –, als wenn du dich als Eier legende Wollmilchsau präsentierst. Deine Positionierung sollte also ähnlich zugespitzt sein wie deine Zielgruppe.

Dann trifft Spitze auf Spitze. Und dann funkt es richtig.
Du willst nicht möglichst viele erreichen. Du willst die Richtigen erreichen.

## 5.5 Warum tue ich, was ich tue?

Du hast jetzt viel darüber nachgedacht, was du deiner Zielgruppe anbieten kannst und wie du das tust. Du hast also deinen einzigartigen Inhalt, dein Was, und deine einzigartige Form, dein Wie, identifiziert. Beides hast du zu deinem Unique Communication Point zusammengebracht. Aber zum Unique Communication Point gehört noch ein weiterer Aspekt. Vielleicht ist er sogar der wichtigste. Einer der meistgesehenen TED-Talks aller Zeiten stammt von dem US-amerikanischen Autor Simon Sinek, und er bringt seine Kernaussage schon im Titel auf den Punkt: »Start with Why« (Sinek 2009). Deine Zielgruppe wird viele Angebote wie deines erhalten. Und selbst wenn du dich bestimmt bei der Zuspitzung deines Unique Communication Point schon sehr ins Zeug gelegt hast, wird dein Angebot doch zumindest oberflächlich betrachtet noch einigen anderen Angeboten ähneln. Das kannst du ändern. Wenn du wirklich Spuren in den Köpfen deiner Zielgruppe hinterlassen möchtest, dann erzählst du Menschen nicht nur, was du tust und wie du es tust. Sondern vor allem, warum du es tust. Der Philosoph Friedrich Nietzsche sagt: »Hat man sein Warum des Lebens, so verträgt man sich fast mit jedem Wie« (Nietzsche 1889).

Unsere Welt ist voll mit Konsumgütern, fast jedes Produkt ist – zumindest in den Industriestaaten – jederzeit verfügbar, fast jedes Bedürfnis lässt sich schnell befriedigen. Die Sinnfrage ist darum die eigentlich interessante Frage. Diejenige, die unterschiedliche, aber vergleichbare Angebote voneinander abhebt. Das zeigt schon eine ganz einfache Frage aus dem Alltag: Kaufst du deine Jeans von der Marke, die einfach gut sitzende Hosenmodelle in guter Qualität anbietet? Oder von der Marke, die gut sitzende Hosenmodelle in guter Qualität anbietet – und deren Hersteller mit jedem verkauften Exemplar arbeitslose Näherinnen in Bangladesch unterstützt? Das Warum macht hier den Unterschied, es bietet den entscheidenden Mehrwert. Warum ein Produkt

*Erst wer die Herzen*
*von anderen berührt,*
*wird auch in ihren*
*Köpfen bleiben.*

kaufen, das nur für sich steht, wenn ich auch eine Marke unterstützen kann, die mir erklärt, warum sie tut, was sie tut? Das gilt vor allem dann, wenn das, was sie tut, auch noch Wohltaten sind. Was für Jeansmarken gilt, gilt auch für Personenmarken. Das Warum bietet Mehrwert. Und ist die entscheidende Identifikationskraft – für dich selber, aber auch für andere, die sich an dich und deine Motivation für deine Arbeit erinnern werden.

Ein Beispiel für ein gutes Warum: Ein Immobilienhändler kauft älteren Menschen die Häuser ab, um sie dann nach Auszahlung des Kaufpreises unkündbar zu einer marktüblichen Miete dort wohnen zu lassen. Das ist ein Immobiliengeschäft, das so ähnlich auch als Leibrente angeboten wird – und es klingt erst mal nicht besonders sympathisch oder ansprechend. Aber warum tut dieser Immobilienhändler das? Er sagt, weil er den älteren Herrschaften die Chance geben möchte, schon zu Lebzeiten vom Kaufpreis ihrer Immobilie zu profitieren. Sie verkaufen ihre Wohnung oder ihr Haus also für sich selber, um sich einen schönen Lebensabend leisten zu können – und trotzdem noch in gewohnter Umgebung wohnen bleiben zu können. So ähnlich kannst du dein Warum auch vermitteln.

So sehen unsere Fallbeispiele für Unique Communication Points ergänzt um ein Warum aus:

*»Ich spreche fast perfekt Mandarin und arbeite dabei gern mit anderen an einem gemeinsamen Projekt – weil ich so Brücken bauen kann zwischen der chinesischen Kultur und der deutschen.«*

Oder:

*»Mit meinen perfekt strukturierten Präsentationen gewinne ich liebend gern Wettbewerbe um das beste Angebot – weil ich damit für das Wohlergehen meiner Firma sorge und so einhundertzwanzig Arbeitsplätze sichere.«*

Der Unique Communication Point unserer Agentur PIABO, den wir auf Englisch formuliert haben, klingt so:

*We believe in technological progress that positively changes our lives and in the enthusiastic makers who are the driving force behind this transformation. Our aim is to take society along on this journey of all-encompassing change.*

Dein Unique Communication Point ist dein Was, dein Wie und dein Warum.

## 5.6 Welche Bedeutung haben meine Werte für meine Positionierung?

Im Kern des Warums, des Anliegens, das dich antreibt, stecken deine Werte. Sie spiegeln wider, wofür du stehst, und sie sind für dich nicht verhandelbar oder wandelbar. Aber was heißt »Werte« in diesem Zusammenhang? Werte meint hier nicht soziale Normen, moralische oder gar die christlichen Werte, das klassische »Glaube, Liebe, Hoffnung«. Der Begriff bezeichnet hier Eigenschaften, Qualitäten und Ideale, für die du auf einer übergeordneten Ebene stehen möchtest. Die grundlegende Frage dazu ist: Was ist dir wichtig? Aber auch: Was treibt dich im Innersten an? Was möchtest du bewegen? Was ist deine Sehnsucht? Welcher übergreifenden Vision soll dein Leben folgen? Wie möchtest du die Welt ein bisschen besser machen? Deine Werte binden deine beruflichen Tätigkeiten an größere Themen. Das kann so etwas sein wie der Kampf gegen den Klimawandel, weil du der Generationengerechtigkeit halber die Lebensgrundlagen der Menschheit erhalten möchtest. Oder auch ein besseres User-Interface-Design für Touchscreens, weil du für Vereinfachung im Leben stehst, damit möglichst viele Menschen dein Produkt intuitiv benutzen können.

# Dein Unique Communication Point

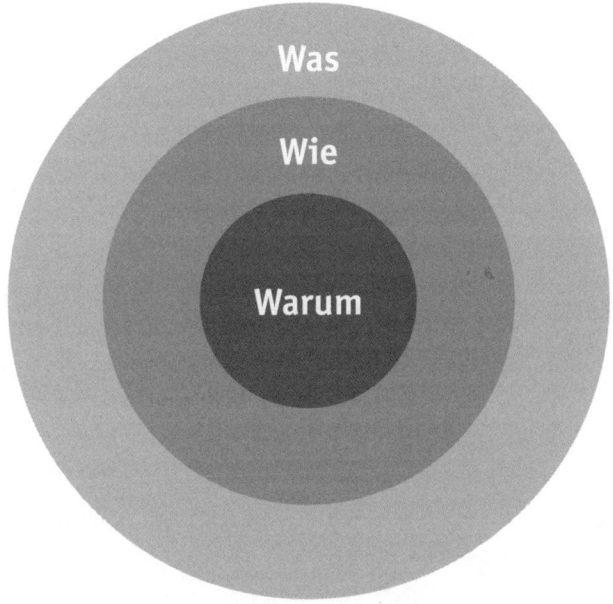

Werte gehören auch zu Unternehmen und Produktmarken. Nehmen wir als Beispiel mal PR-Agenturen: Ist meine Agentur eine, die jedem Kunden verspricht, ihn gut dastehen zu lassen, selbst wenn dies dann Lügen, Leugnen und Fake News beinhaltet? Oder stehe ich eher für geradlinige, ehrliche Kommunikation, gerade auch bei heiklen Themen? Bombardiere ich Konsumenten oder Medienpartner mit Massen von Botschaften? Oder kommuniziere ich eher in einem partnerschaftlichen Stil? Unsere Agentur PIABO bekommt unter anderem auch Anfragen von Alkoholmarken oder Online-Casinos. Die lehnen wir alle ab. Weil sie nicht zu unseren Werten passen: offene und partnerschaftliche Kommunikation zu den Themen Technologie und digitaler Fortschritt. Wir glauben an Unternehmer:innen, die durch Technologien unsere Gesellschaft positiv verändern. Da sind wir sehr konsequent. Und Menschen haben ein feines Gespür dafür, ob jemand konsequent auch die eigenen Werte lebt. Unsere Werte lauten:

- Pioniergeist,
- Individualität und Zusammenhalt,
- Augenhöhe und Wertschätzung,
- Bestleistung durch Weitsicht,
- Offenheit und Agilität.

Dasselbe Prinzip lässt sich auch auf Menschen anwenden. Wofür also stehst du? Es gibt neben den genannten zahllose weitere Werte, wie wir sie hier verstehen. Unter anderem:

- Innovation,
- Harmonie,
- Sorgfalt,
- Abenteuer,
- Integrität,
- Toleranz,
- Effizienz,
- Solidität,
- Ehrlichkeit,
- Treue.

Diese Werte lassen sich in Charaktere umsetzen, von denen du einige sicher schon bei euch in der Firma, bei Konferenzen oder bei Geschäftsessen kennengelernt hast. Wer davon wärst du? Im Angebot wären zum Beispiel:

- die gewissenhafte und akribische Faktenjongleurin,
- der um Ausgleich bemühte und besonnene Diplomat,
- die kreative Querdenkerin,
- der Visionär und Stratege mit Weitblick,
- die draufgängerische Marktanteil-Eroberin,

- der schelmische, kommunikative Klassenclown,
- die souveräne Troubleshooterin,
- der hilfsbereite Lehrer.

Noch nichts Passendes dabei? Schon klar: Die Frage, welche deine Werte sind, die dich aus tiefstem Grund antreiben, ist ziemlich knifflig. Bei der Suche nach der Antwort können dir die Archetypen aus der Psychologie helfen. Dieses Denkmodell hat der Schweizer Psychologe C. G. Jung Anfang des 20. Jahrhunderts als Erster beschrieben. Die Archetypen sind Charaktere oder Figuren, sie symbolisieren unterbewusste Grundstrukturen des menschlichen Handelns. Jung zufolge steht jede von ihnen für ein »verkürztes Drama«, womit er ein auf den Punkt gebrachtes persönliches Streben meint. Hier ist eine kleine Auswahl von zwölf Archetypen, eine Mischung aus klassischen und neu erdachten Charakteren. Natürlich gibt es alle Archetypen als männliche wie auch als weibliche Figuren, wir bleiben hier nur mal der Einfachheit halber bei den männlichen Formen. Überleg dir, welcher von diesen Archetypen dir am ehesten entspricht. Aber sei ehrlich zu dir! Verwechsle also nicht, wie du gern sein möchtest und wie du wirklich bist.

Der **Weise** möchte die Wahrheit auf der Basis von Fakten erkunden, ist dabei fleißig und lernbegierig, und er bringt sein Umfeld mit seiner Logik und seiner Intelligenz voran.

Der **Unschuldige** ist spontan und ehrlich, strahlt Lebensfreude aus und bereichert sein Umfeld mit seiner freundlichen und optimistischen Art.

Der **Netzwerker** bringt mit seinem guten sozialen Gespür gern Menschen zusammen, auch solche aus unterschiedlichen Bereichen, weil er daran glaubt, dass sich unterschiedliche Sichtweisen befruchten.

Der **Herrscher** beansprucht die Spitzenposition, er führt dabei gerecht, souverän und verantwortungsvoll, und er nutzt seine Macht, um Gutes zu tun sowie Erfolg und Wohlstand für sich und andere zu erlangen.

Der **Narr** ist nicht etwa ein Depp, sondern im Gegenteil hochintelligent, er redet frei und humorvoll von der Leber weg, um anderen den Spiegel vorzuhalten, er liebt Vergnügungen und unterhält gern sein Umfeld.

Der **Magier** ist so geheimnisvoll wie machtvoll, er steht für Intelligenz und Veränderungen, wobei er andere mitnimmt auf fantasievolle Reisen in neue Gefilde.

Der **Held** liebt den Wettkampf mit anderen, er hat keine Angst vor Problemen und Herausforderungen, wobei er mutig und diszipliniert daran arbeitet, der Beste zu sein.

Der **Innovator** will Altes verbessern und vor allem Neues erschaffen, dafür beschreitet er auch mal ganz allein neue Wege und nutzt dabei sein beträchtliches Fachwissen, seine Fantasie und Kreativität.

Der **Entdecker** erkundet stark und unerschrocken die Welt, immer auf der Suche nach neuen Wegen für sich und andere, wobei für ihn Freiheit und Abenteuer im Vordergrund stehen.

Der **Rebell** widersetzt sich Systemen, die er als ungerecht empfindet, um sich und seine Leute in die Freiheit zu führen, wofür er auch vor persönlichen Risiken und Kosten nicht zurückscheut.

Der **Betreuer** setzt sich mitfühlend, loyal und selbstlos für einen anderen oder für eine Gruppe ein, um zu schützen und zu unterstützen, dafür stellt er seine eigenen Interessen selbstlos in den Hintergrund.

Der **Beschützer** verteidigt andere gegen innere und äußere Gegner, dabei scheut er auch vor Selbstaufopferung nicht zurück, erwartet dafür allerdings auch Respekt und Anerkennung.

Die Archetypen spitzen natürlich stark zu. Fast könnte man sagen, sie sind Klischees. Aber einerseits sind diese Zuspitzungen in der Realität eben oft auch ziemlich treffend. Sicherlich sind Marketingfachleute tendenziell eher kontaktfreudige und kommunikationsstarke Typen, also vielleicht eher »Narren« oder »Netzwerker«. ITler dagegen sind eher gewissenhaft und detailversessen, also »Innovatoren« oder »Weise«. Aber andererseits muss das keineswegs immer so eindeutig sein. Und in der Praxis finden sich oft auch Mischungen aus Archetypen. Zudem nimmt jede und jeder von uns natürlich auch je nach Situation unterschiedliche Rollen ein. Trotzdem lohnt es sich, dass du einmal über deine Werte nachdenkst.

*Werte verleihen deiner Positionierung Tiefe und machen sie vollständig.*

## Bist du mit deinen Werten nun auf Kurs?

Ein kleines Tool, um dich an dieser Stelle systematisch selber zu analysieren, ist die KURS-Methode des Markenexperten und Marketingprofessors Karsten Kilian (Marktforschung.de 2013). Ihm zufolge sollen deine Markenwerte konkret, ursächlich, relevant und spezifisch sein.

Das bedeutet:

### Konkret

Die Elemente deiner Positionierung sollten bildhaft und griffig sein, ohne Raum für Spekulationen darüber zu lassen, was du genau meinst.

### Ursächlich

Du lebst deine Werte selber, darum sind sie direkt mit dir und deinen beruflichen Tätigkeiten verbunden, was du natürlich mit Beispielen beweisen kannst.

### Relevant

Deine Positionierung muss deine Zielgruppe auch ansprechen und eine Bedeutung für diese haben.

### Spezifisch

Du grenzt dich mit deiner Positionierung klar von deinen Wettbewerbern ab, im Idealfall bist du sogar der einzige Anbieter mit diesen Markenwerten.

## 5.7 Was denken andere über mich und meinen UCP?

Du hast dir nun das Was und das Wie sowie das wichtige Warum deines Unique Communication Point überlegt. Aber bist du dir sicher, dass deine Überlegungen auch treffend sind? Dass sie sich also mit dem decken, wie dich andere erleben? Bist du glaubwürdig? Weil es hier um die Wahrnehmung durch andere geht, ist das eine Frage, die du selber nur schwer wirst beantworten können. Du brauchst darum einen Blick von außen.

Frag doch mal jemanden, der oder die dich beruflich kennt, wie er oder sie dich beschreiben würde. Wenn jetzt so etwas kommt wie: »Hm, ich würde sagen: arbeitet ziemlich hart im mittleren Management eines Pharmakonzerns«, dann hat dein Ansprechpartner gerade, sagen wir: 7691 Menschen in Deutschland beschrieben. Wo bist du in dieser Menge? Du siehst dich doch ganz anders, viel differenzierter, viel spezifischer. In dem Fall merkst du direkt, dass du Eigenwahrnehmung und Fremdwahrnehmung noch besser miteinander in Deckung bringen musst. Dasselbe gilt auch für kleine Details, die in der Wahrnehmung anderer von dem abweichen, wie du sie eigentlich präsentieren und darstellen möchtest. Darauf wirst du selber aber nicht kommen.

Du brauchst also Feedback von anderen. Es ist an der Zeit, deine Überlegungen, deine Positionierung, deinen Unique Communication Point mit anderen Menschen zu besprechen. Andere sehen oft blinde Flecken, die du selbst übersiehst, und schaffen einen Realitätscheck. Stell dich vor andere und erzähle in drei Sätzen, wer du bist, was du tust, wie du es tust und wofür du stehst. Verstehen die anderen das? Können sie dich und dein Tun nachvollziehen? Lass dich kritisch befragen! Aber von wem genau? Darauf gibt es zwei mögliche Antworten: Du kannst vertraute Menschen ansprechen, die dich gut kennen – und fremde Menschen, die nur eine vage oder gar keine Ahnung von dir haben. Beides bringt wertvolle Erkenntnisse.

Freunde, enge Kollegen oder langjährige Kunden werden vermutlich sofort verstehen, was du ihnen sagen möchtest. Und sie werden dabei auch sofort bemerken, ob dich deine Aussagen korrekt wiedergeben, ob du also die Substanz hast, die du da annoncierst. Vertraute erkennen also, ob deine Positionierung nach innen hin passt, ob sie dein Inneres abbildet. Vor ihnen wirst du auch freier und entspannter sprechen können. Ihr kennt euch ja. Allerdings ergänzen die Vertrauten auch Lücken in deiner Selbstdarstellung intuitiv mit Wissen über dich. Wenn da Löcher sind, fallen sie vielleicht nicht so auf. Aber auch wer dich nicht so gut kennt, etwa lose mit dir verbundene Projektpartner oder neue gleichrangige Kollegen, sollte deinen Unique Communication Point sofort verstehen und ihn nachvollziehen können. Sonst ist der Unique Communication Point einfach nicht gut. Das heißt, Außenstehende erkennen besser, ob deine Positionierung nach außen hin funktioniert. Ausgewählte kritische Menschen, die dir nicht zu nahe stehen sollten, können neutraler ein Urteil fällen.

Beide unterschiedlichen Ansätze ergänzen sich. Die Kombination macht's. Wichtig bei beidem ist die ehrliche Meinung. Meide darum Leute, die sowieso alles toll finden werden, was du tust, und die deinen Unique Communication Point in jedem Fall abfeiern werden – egal, ob er passt oder nicht. Darum solltest du als Chef deinen Unique Communication Point weniger vor deinen Angestellten pitchen. Da es dabei ums Eingemachte geht, also um deine Persönlichkeit und deine Werte und deine Darstellung nach außen, müsstet ihr schon ein außergewöhnlich ehrliches und gleichwertiges Verhältnis zueinander haben, damit sie wirklich Klartext reden mit dir. Im Zweifelsfall finden sie aber vermutlich eher alles gut so, oder sie tun zumindest so, weil sie denken, sie müssten es. Damit bringst du andere in eine schwierige Lage – und stehst am Ende auch noch ohne brauchbares Ergebnis da. Such dir also lieber andere Ansprechpartner.

Du kannst dabei auch gleich auf professionelle Hilfe setzen. Ich empfehle immer gern die Zusammenarbeit mit einem professionellen Coach oder einem erfahrenen Mentor, mit dem du kompakt und effizient deine Positionierung erarbeiten und überprüfen kannst. Ein Coach ermöglicht dir eine objektive Einschätzung und stellt dir zudem die richtigen Fragen. So kannst du dir auch direkt Ziele für deine Weiterentwicklung setzen. Der Coach schaut also mit dir einerseits darauf, wofür du stehen möchtest, und prüft andererseits objektiv, ob du es von außen betrachtet realistisch umsetzen kannst. Mit ihm oder ihr zusammen kannst du von außen betrachten, was und wie du wirklich bist.

Die Ergebnisse des Feedbacks müssen nun natürlich einen Weg zurück in deine Positionierung, deinen Unique Communication Point finden. Wenn du also herausgefunden hast, dass es Diskrepanzen zwischen deiner Eigenwahrnehmung und der Wahrnehmung von dir durch andere gibt, dann biege dich nicht in etwas hinein, das sich vermeintlich gut anhört, dich aber eigentlich nicht wiedergibt. Sondern ändere deinen Unique Communication Point entsprechend, bis beides zur Deckung gekommen ist. Und es ist nicht so, dass du diese Abfolge aus Feedback, Abgleich sowie bei Bedarf Korrektur nur am Anfang deines Personal-Branding-Prozesses einmal durchlaufen musst, wie beim finalen Check eines neu produzierten Autos, bevor es erstmals aus der Fabrikhalle rollt. Sondern es ist, um im Bild zu bleiben, eher wie beim TÜV: Du solltest von nun an regelmäßig beim Feedback erscheinen. Ich würde sagen, je nachdem, wie dynamisch dein Tätigkeitsfeld ist, alle ein bis fünf Jahre. Am besten mit immer anderen Ansprechpartnern. Und das alles, solange du deine Personal Brand aktiv betreibst.

## 5.8 Wie kann ich ganz sicher sein, dass meine Positionierung jetzt und in Zukunft sitzt?

Nachdem du deinen Unique Communication Point nun auch von außen hast prüfen lassen und bevor du als Nächstes darauf aufbauend die Aussagen über dich schriftlich festlegst, mit denen du fortan nach außen kommunizieren wirst, solltest du zur Sicherheit noch letzte Selbstchecks absolvieren. Bist du gut positioniert? Passt alles? Bist du mit deinem Unique Communication Point jetzt und in den kommenden Jahren ausreichend gegen Risiken und Bedrohungen abgesichert? Und sind von deiner Positionierung aus Wege zu Wachstum und Weiterentwicklung ersichtlich? Antworten auf diese Fragen kann dir eine SWOT-Analyse geben. Die Abkürzung steht für Strengths (Stärken), Weaknesses (Schwächen), Opportunites (Chancen) und Threats (Risiken). Sie stehen für ein Analyse-Tool, das in den Sechzierjahren an der US-amerikanischen Harvard Business School entwickelt wurde. Heute hat es sich zum Standard bei der grundlegenden Positionsbestimmung und Strategieentwicklung für Marken und Unternehmen entwickelt. Natürlich lässt sich die SWOT-Analyse auch auf Personenmarken anwenden. Ich kann jedem nur empfehlen, sich damit mal selber zu befragen. Denn auf diese Weise kannst du deine Marke in ihrem Umfeld sorgfältig auf Chancen und Risiken oder Gefahren abklopfen sowie dir deine eigenen Stärken und Schwächen bewusst machen.

## Eine kurze Anleitung zur SWOT-Analyse

Zeichne ein vierfach geteiltes Rechteck oder Quadrat. Diese simple Matrix wird dir helfen, dir einen Überblick über deine Marke zu verschaffen. Im Quadranten oben links trägst du Stärken ein, rechts daneben Schwächen. Das sind die inneren Faktoren, die direkt mit dir und deiner Persönlichkeit zu tun haben. Unten links stehen die Chancen, rechts die Risiken. Das sind äußere Faktoren, die du selber nicht oder nur begrenzt beeinflussen kannst.

**Stärken:** Hier trägst du deine Alleinstellungsmerkmale ein, über die du bereits vorher in diesem Kapitel nachgedacht hast: Was kannst du wirklich gut? Welche besonderen Fähigkeiten, welches spezielle Know-how, welche Kontakte, Ressourcen und Erfahrungen bringst du mit?

**Schwächen:** Was könnte von deiner Seite aus besser laufen? In welchen Konfliktsituationen reagierst du nicht optimal, scheiterst vielleicht sogar? Wofür kritisieren dich andere häufiger mal? An welchen Punkten sind Wettbewerber (noch) erfolgreicher als du – und warum? Wo findest du an dir selber Verbesserungspotenzial?

**Chancen:** Wo siehst du in deinem beruflichen Umfeld oder auf deinem Markt ungenutzte Möglichkeiten für dich? Wo werden sich – wenn du etwas nachdenkst und in die Zukunft blickst – demnächst möglicherweise neue Chancen auftun? Das können neue Technologien sein, neue Kundengruppen oder Fortbildungsmöglichkeiten, aber auch politische, soziale oder wirtschaftliche Veränderungen.

**Risiken:** Auch hier sollten politische, soziale oder wirtschaftliche Veränderungen auftauchen – allerdings solche, die sich zu deinem Nachteil auswirken könnten. Welche anderen Hürden siehst du auf dich zukommen, etwa in Form starker neuer Wettbewerber?

Jetzt schau einmal auf die ausgefüllte Matrix. Mach dir bewusst, wie die inneren und äußeren Faktoren zusammenhängen: Deine Stärken und Schwächen sind die Ursache dafür, wie gut du Chancen nutzen und Risiken abwehren kannst. So hast du einen ersten Überblick über deine Lage und die Zusammenhänge in deiner Lage.

---

Eine Anmerkung noch zu deinen Schwächen: Natürlich solltest du auch darüber nachdenken, an welchen Punkten es manchmal nicht gut läuft für dich, zum Beispiel wie du in Konfliktsituationen reagierst oder an welchem Punkt du sogar scheiterst. Was könnten die Gründe dafür sein? Was davon kannst du verbessern? Das ist immer einen Gedanken wert. Aber bei der Positionierung deiner Personal Brand solltest du diese Gedanken nur im Hinterkopf behalten. Denn es gilt natürlich nach vorn zu stellen, was du gut machst und kannst. Halte dich gar nicht erst mit deinen Fehlern auf.

Stärke deine Stärken, vergiss deine Schwächen.

## 5.9 Was verspreche ich anderen mit meiner Personal Brand?

Das Ergebnis der offenen Selbstreflexion, die wir bis hier zusammen durchgegangen sind, ist dein Unique Communication Point. Hier zur Erinnerung noch mal unsere zwei Beispiele für Unique Communication Points:

»Ich spreche fast perfekt Mandarin und arbeite dabei gern mit anderen an einem gemeinsamen Projekt – weil ich so Brücken bauen kann zwischen der chinesischen Kultur und der deutschen.«

Oder:

*»Mit meinen perfekt strukturierten Präsentationen gewinne ich liebend gern Wettbewerbe um das beste Angebot – weil ich damit für das Wohlergehen meiner Firma sorge und so einhundertzwanzig Arbeitsplätze sichere.«*

Natürlich wird dein Unique Communication Point ganz anders lauten. Aber ungefähr so sollte er klingen: ein, zwei, Sätze, die dein Was, Wie und Warum klar beschreiben. Knapp, konkret und anschaulich – und dabei so einfach wie möglich. Der Unique Communication Point in dieser Form eignet sich vor allem für persönliche Gespräche. Weil du in deinen eigenen Worten zusammenfasst, wer du bist, was du machst und wofür du stehst. Damit kannst du deine Positionierung schnell pitchen, etwa zu Beginn eines Small Talks am Messestand, beim Kennenlernen am Stehtisch, beim Networking eines Gettogethers nach einer Konferenz. Oder auch in einem Elevator Pitch: Während einer kurzen gemeinsamen Fahrt im Aufzug mit einem Investor oder einer potenziellen Arbeitgeberin sollte dein Ziel sein, zwischen dem Schließen der Lifttüren und dem Verlassen der Kabine den Mann oder die Frau von dir und deiner Arbeit überzeugt zu haben. Wenn du deinen Unique Communication Point auf den Punkt gebracht hast, kannst du ihn einfach aufsagen.

Persönliche Gespräche sind natürlich nicht die einzige Situation, in der du deine Personal Brand anderen näherbringen willst. Je nachdem, in welchem Kontext du dich befindest, eignen sich neben der bereits diskutierten mittleren Länge noch zwei formellere Unique-Communication-Point-Formate, eins etwas länger und eins etwas kürzer. Fangen wir mit dem etwas längeren Format an. Denk mal an Über-mich-Profiltexte auf Webseiten oder auf Social-Media-Plattformen. Oder an die »Boilerplate« genannten kleinen Abbinder-Texte unter E-Mails, die wesentliche berufliche Informationen zum Absender beinhalten. Oder vielleicht auch an einen Wikipedia-Eintrag. Solche Texte zur Positionierung, die einem Leser mitteilen wollen, um wen es sich bei einer Person handelt und was er oder sie wie und warum macht, umfassen bei diesen Anwendungen mehrere Sätze, sie sind also etwas länger. Und sie sind auch nicht in der Ich-Form geschrieben, sondern in der dritten Person Singular, also »er« oder »sie«. Auch das lässt einen solchen Text direkt etwas förmlicher wirken. Es ist jedenfalls ein Text, mit dem du deiner Zielgruppe ganz förmlich etwas versprichst: wofür deine Personal Brand steht, welcher Beitrag hinter deiner Personal Brand steht und wie die Angesprochenen von dir profitieren können. Wir nennen dieses etwas längere Format des Unique Communication Point darum: Markenversprechen. Das Markenversprechen oder auch Mission Statement ist nicht irgendein Marketing-Blabla. Sondern eine persönliche Aussage über dich, dein Versprechen an dich selber und an andere. Ein kleines Vertragsangebot von dir an deine Zielgruppe.

# Finde und forme dein Markenversprechen

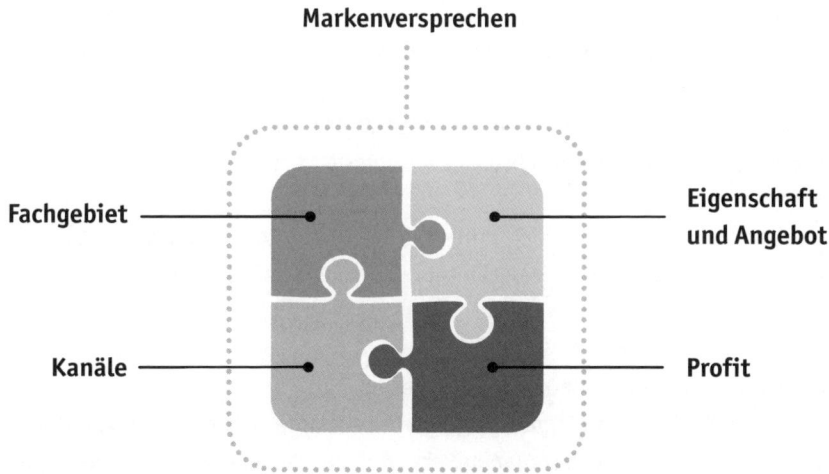

Hier ist eine mögliche Matrix für ein Markenversprechen:

*»Lieschen Müller ist die Expertin für (Fachgebiet).*
*Dafür liefert sie (Eigenschaft und Angebot),*
*die sie (Kanäle).*
*Das bringt ihren Kunden (Profit).«*

Diese Matrix kannst du nun verwenden und mit deinem eigenen Input füllen.

Bei **Fachgebiet** ließe sich etwa einfügen: »journalistische Artikel, die Erkenntnisse aus Wissenschaft und Forschung im Bereich Klimawandel und erneuerbare Energien in allgemein verständlicher Sprache transportieren«.

Bei **Eigenschaft und Angebot**: »Texte, denen genau die Balance gelingt zwischen Lesespaß und faktischer Korrektheit«.

Bei **Kanäle:** »in Sachbüchern, gedruckten Zeitschriften und Zeitungen sowie Internetartikeln veröffentlicht«.

Und bei **Profit** etwas, das sich hinterher bei der Zielgruppe verändert haben soll, zum Beispiel: »mehr Verständnis über das an sich hochkomplexe Thema«.

Das Markenversprechen lautet also in diesem Fall:
*»Lieschen Müller ist die Expertin für journalistische Artikel, die Erkenntnisse aus Wissenschaft und Forschung im Bereich Klimawandel und erneuerbare Energien in allgemein verständlicher Sprache transportieren. Dafür liefert sie Texte, denen genau die Balance gelingt zwischen Lesespaß und faktischer Korrektheit, die sie in Sachbüchern, gedruckten Zeitschriften und Zeitungen sowie Internetartikeln veröffentlicht. Das bringt ihren Kunden mehr Verständnis über das an sich hochkomplexe Thema.«*

Die Matrix soll dir eine Idee davon geben, wie ein Markenversprechen aufgebaut sein kann. Natürlich kannst du auch dein ganz eigenes Markenversprechen formulieren. Ein paar Tipps noch dazu: Du solltest besser mit Verben als mit Nomen hantieren, schreib also lieber »Sie erfüllt das Bedürfnis« als »ihr Fachgebiet ist die Bedürfniserfüllung«. Vermeide möglichst ausgeleierte Adjektive wie »motiviert«, »optimal«, »erfahren«. Und vermeide außerdem zu spezifischen Branchenjargon. Das ist erstens unter Umständen zu detailliert für das Markenversprechen und schließt zweitens Branchenfremde direkt aus. Aber die gehören ja vielleicht auch zu deiner Zielgruppe. Bleibe also möglichst allgemein verständlich. Denk immer daran: Es geht beim Markenversprechen zwar um dich, aber der Text deines Markenversprechens ist nicht für dich.

Jetzt brauchst du auch noch eine kurze Form deines Unique Communication Point. Nachdem du deinen Unique Communication Point von mittlerer Länge zum Markenversprechen ausgebaut hast, gehen wir den Weg nun in die andere Richtung und kondensieren eine einzelne Zeile aus dem mittellangen Unique Communication Point oder aus dem Markenversprechen. Dabei musst du etwas umformulieren und deine Fantasie in Anspruch nehmen, damit das Ergebnis gut und einleuchtend klingt. Das Ergebnis ist die eine prägnante Zeile, die du auf das Titelblatt deiner Powerpoint-Präsentationen schreibst, die du als Bildunterschrift unter deine Porträtfotos setzt oder die du in deinen Kontaktdaten als Tätigkeitsbeschreibung unter deinem Namen anführst. Dabei handelt es sich nicht zwingend um einen vollständigen Satz, sondern um eine Phrase, eine Formulierung. Wir nennen diese Phrase: Markenclaim. »Claim« ist Englisch für »Behauptung« oder »Inanspruchnahme«. Und das tut dein Markenclaim: Er stellt eine knappe, klare Behauptung darüber in den Raum, wer du bist, was du leistest und wofür du stehst. Der Fokuspunkt für deine Personal Brand. Das Zentrum. Sei auch hier konkret, klar und spitz. Ein Markenclaim ist nicht »Lieschen Müller – Headhunterin«. Sondern: »Lieschen Müller – führende Ansprechpartnerin für die Top-Jobs in der digitalen Welt«. Oder: »Max Mustermann – der Scrum-Master für die Energiebranche«.

Um bei unseren Beispielen von eben zu bleiben. Der Unique Communication Point:

*»Ich spreche fast perfekt Mandarin und arbeite dabei gern mit anderen an einem gemeinsamen Projekt – weil ich so Brücken bauen kann zwischen der chinesischen Kultur und der deutschen.«*

könnte als Markenclaim lauten:

*»Max Mustermann – der Brückenbauer nach China«*

Oder das Markenversprechen:
*»Lieschen Müller ist die Expertin für journalistische Artikel, die Erkenntnisse aus Wissenschaft und Forschung im Bereich Klimawandel und Erneuerbare Energien in allgemein verständlicher Sprache transportieren. Dafür liefert sie Texte, denen genau die Balance gelingt zwischen Lesespaß und faktischer Korrektheit, die sie in Sachbüchern, gedruckten Zeitschriften und Zeitungen sowie Internetartikeln veröffentlicht. Das bringt ihren Kunden mehr Verständnis über das an sich hochkomplexe Thema.«*

könnte als Markenclaim lauten:

*»Lieschen Müller – Journalismus von der Wissenschaft zum Publikum«*

# 5.10 Brauche ich ein Alias?

Apropos Max Mustermann und Lieschen Müller: Empfindest du deinen Namen selber als langweilig und durchschnittlich? Lässt er sich missverständlich als Schimpfwort oder als nicht jugendfreier Begriff auffassen? Ist er historisch belastet oder kontraproduktiv für die Branche, in der du aktiv bist oder werden möchtest? Oder möchtest du die beruflichen Aktivitäten, für die deine Personal Brand stehen soll, eventuell trennen von anderen beruflichen Tätigkeiten oder von deinem Privatleben? Dann stellst du dir vielleicht die Frage, ob du deine Personal Brand wirklich unter dem Namen aufbauen solltest, unter dem du geboren wurdest. Oder vielleicht besser unter einem Kunstnamen oder Alias. Wenn du dir sicher bist und wirklich einen anderen Namen verwenden möchtest, dann hast du mehrere Optionen. Du kannst möglicherweise, wenn du Michael Müller heißt wie zum Zeitpunkt des Verfassens dieses Buchs der Berliner Oberbürgermeister, für mehr Prägnanz einen Zweitnamen oder dessen Mittelinitial verwenden, etwa von einem weiteren Vornamen: Michael Stanislaw Müller oder Michael S. Müller. Du kannst auch auf den Mädchennamen deiner Mutter ausweichen oder deinen Familiennamen leicht verfremden.

Gegen all das ist grundsätzlich nichts einzuwenden, wenn der Name eingängig und wohlklingend ist – und sofern deine Branche einen Namenswechsel überhaupt zulässt. Im Finanzwesen zum Beispiel bist du mit einem Alias größtenteils eher deplatziert. Denn das sorgt nicht gerade für Vertrauen in deine Solidität, die aber ja die Basis deiner Arbeit als Investor, Finanzverwalter oder Banker ist. Wenn du nun findest, dass du dir das beruflich durchaus leisten kannst, dann solltest du dir über diese Frage gleich am Anfang deines Personal-Branding-Prozesses Gedanken machen und daraufhin eine Entscheidung treffen. Bei dieser Entscheidung bleibst du dann konsequent, sonst verwirrst du deine Zielgruppe und verlierst sie vielleicht sogar.

Wenn du dir einen Namen gemacht hast, dann wechsle ihn nicht mehr.

## 5.11 Brauche ich ein Erkennungszeichen, einen Anker?

Dein Unique Communication Point steht, dein Markenversprechen steht, dein Markenclaim steht. Der Inhalt, das Innere, steht also. Du könntest jetzt noch Überlegungen zur äußeren Form anstellen. Was das heißt? Du überlegst dir wahrscheinlich bereits, wie du deine Personal Brand visuell präsentieren wirst. Also welchen Schriftsatz du in Medien verwenden möchtest, ob nun online oder offline. Ob deine Brand vielleicht ein Logo bekommen soll. Oder ob du deine Personenmarke durch ein Signet ergänzen möchtest, also dem Äquivalent zu Mercedes-Stern, Nike-Swoosh oder Apple-Apfel. All dies kann hilfreich sein, weil es deine Brand leichter erkennbar macht, ja vielleicht sogar unverwechselbar. Welche Möglichkeiten du hast und worauf es dabei ankommt, das zeigt dir ein Grafikdesigner. Ich möchte noch auf etwas anderes hinaus, nämlich auf einen sogenannten Anker. Das ist ein Erkennungszeichen an dir selber, an dem andere Menschen sofort hängen bleiben.

Anker können bestimmte Kleidungsstücke sein, die du konsequent trägst.

Vorbilder zum Nachahmen gesucht? Es gibt sie in der Technikwelt und unter Prominenten zuhauf: Denk an Steve Jobs' schwarzen Rollkragenpullover, den er bei jeder Präsentationen neuer Apple-Produkte anhatte. In Berlin traf ich eine Zeit lang immer wieder einen Investor, der immer, wirklich immer rote Sneaker trug. Dafür war er bekannt, und jeder wusste, über wen man sprach, wenn man diese Sneaker erwähnte. Auch Accessoires können als Anker dienen, etwa Karl Lagerfelds Stehkragen, Sonnenbrille und fingerlose Lederhandschuhe oder Udo Lindenbergs Hut. Auch körperliche Besonderheiten sind als Anker verwendbar. Das Model Cindy Crawford ist in den Achtzigern und Neunzigern erst richtig berühmt geworden durch den prägnanten Leberfleck in ihrem Gesicht. Der Komiker Mike Krüger hat immer gern seine große Nase ins Bild gerückt. Bei dir könnte es etwas sein wie eine selbstbewusst zur Schau gestellte Glatze oder ein charmantes Lispeln. Auch ein Maskottchen, das du stets bei dir führst, kann als Anker dienen, oder aber eine bestimmte

Catchphrase, die du überall hinschreibst und vor jeder Keynote-Speech und Präsentation aufsagst. Nicht jede Personal Brand braucht unbedingt einen Anker. Aber solche Ansätze sind allesamt denkbar und machbar.

## Regeln für die Verwendung von Ankern

Es gibt nur zwei Regeln, die du beherzigen solltest, wenn du deine Personal Brand tatsächlich mit einem Anker versehen möchtest:

Erstens: Der Anker muss zu dir und deiner Arbeit passen und deine Positionierung unterstützen. Es gibt also keine guten oder schlechten Anker, nur passende und unpassende. Er sollte nicht im Widerspruch zu deinem Thema, deinem Arbeitsgebiet und deinen Werten stehen. Du solltest also eher nicht beispielsweise grundsätzlich im Nadelstreifen-Dreiteiler in der Start-up-Szene unterwegs sein. Denn das wirkt eventuell konservativ und wenig innovativ. Es sei denn, du bist dir sicher, dass du die Power hast, das durchzuziehen. Dann überzeugst du die Leute, die vielleicht aufgrund deines Äußeren erwartet haben, dass du gar nicht zur Branche gehörst, mit Dynamik und innovativem Denken. Damit wandelt sich der Nadelstreifen-Dreiteiler von einem Widerspruch zu einem wunderbaren Anker. Aber tue bei deiner Kleidung nicht so, als seist du jemand anderes als derjenige, der du eigentlich bist. Wenn du dich als Hipster inszenierst, klappt das nur, wenn dir gute Kleidung auch wichtig ist. Ist deine Haltung aber, dass dir dein Aussehen im Grunde egal ist, dann werden deine Mitmenschen das registrieren und es klappt nicht.

Zweitens: Und du solltest konsequent sein und den Anker wirklich immer vorzeigen, anhaben, dabei haben, präsentieren. Tauche also nicht mal mit, mal ohne Anker in der Öffentlichkeit auf. Sonst unterläufst du deine eigene Inszenierung und kannst sie auch gleich sein lassen. Je nachdem, in welcher Branche du unterwegs bist, kann ein einheitlicher und klarer Stil durchaus hilfreich sei. Du solltest ihn dann nur nicht wechseln, sonst verwirrst du deine Follower beziehungsweise deine Zielgruppe.

Für Macher aus der Start-up-Szene stellt Publizist und Blogger Sascha Lobo mit seinem roten Irokesen-Schnitt ein gutes Vorbild dar. Man erkennt ihn an seinem visuellem Anker, selbst wenn man ihn nicht kennt. Vielleicht verflucht er seinen roten Iro inzwischen manchmal und würde sich nach vielen Jahren auch mal eine andere Frisur wünschen. Aber für diesen Haarschnitt samt Farbe ist er inzwischen bekannt, und wenn er nicht einen bewussten und klar kommunizierten Relaunch seiner Personal Brand hinlegt, wird er kaum davon loskommen. In dieser Hinsicht sind andere, nicht körperliche optische Erkennungszeichen übrigens von Vorteil: Wenn man mal ganz in Ruhe eine Pizza essen gehen will, dann kann man sie vielleicht einfach mal weglassen – und vermutlich wird einen dann auf der Straße niemand erkennen.

## 5.12 Welche Fragen hat Tilo Bonow bis hierhin an mich?

Sind also alle Bestandteile deiner Personal Brand auf einer Linie, vom Unique Communication Point bis zum Anker, von den Werten bis zum Markenversprechen? Gut so. Aber ich habe noch ein paar Fragen an dich als Leser oder Leserin. Überlege dir die Antworten auf diese Fragen und schreibe sie auf. Du wirst die Antworten noch brauchen – für die folgenden Kapitel, aber auch damit du immer mal wieder darauf schauen und dich daran erinnern kannst, was genau deine Personal Brand eigentlich ausmacht.

### Diese Fragen definieren deine Personal Brand
- Welches Ziel genau möchtest du mit deiner Personal Brand erreichen?
- Was bedeutet das für alle weiteren Schritte?
- Wen möchtest du ansprechen, und wie definierst du deine Zielgruppe?
- Wer sind deine wichtigsten Wettbewerber auf diesem Gebiet?
- Was ist dein Was, was ist dein Wie – also was weißt und kannst du besser als irgendwer sonst, den du kennst?
- Und was ist dein Warum – also was ist dein innerer Antrieb?
- Welche Werte stecken in deinem Warum, wofür stehst du?

- Was denken andere über dich, deinen Unique Communication Point und deine Brand?
- Was hast du vielleicht übersehen, welche Stärken, Schwächen, Chancen, Risiken?
- Wie lautet dein Markenversprechen an deine Zielgruppe, wie lautet dein Markenclaim?
- Brauchst du ein Alias?
- Und braucht deine Personal Brand vielleicht noch einen visuellen Anker?

Du hast alle Fragen für dich geklärt? Herzlichen Glückwunsch: Du hast jetzt den ersten strategischen Schritt auf dem Weg zu deiner klar angelegten Personal Brand gemacht. Die Konzeption deiner Personal Brand liegt vor dir. Du weißt nun, wer du bist und wie du wahrgenommen werden möchtest. Und, ganz wichtig: Weil du andere Menschen in diesen Prozess einbezogen hast, hast du auch geprüft, dass deine Personal Brand zu dir passt – und wie du sie lebendig werden lassen kannst.

Im folgenden Kapitel kümmern wir uns nun darum, über welche Kanäle du deine Personal Brand mit deiner Zielgruppe teilen kannst.

# 6.
# Aufbauen – wie du kredibel wirkst über passende Kanäle

Du hast jetzt viel überlegt und geplant, identifiziert und positioniert. Deinen Unique Communication Point mit deinem Was, deinem Wie und deinem Warum. Dazu außerdem dein Markenversprechen und deinen Markenclaim. Dabei hast du dir zwar auch einige Gedanken über deine Zielgruppe gemacht – insgesamt aber fand dein Personal-Branding-Prozess bisher vor allem bei dir statt. In deinem Kopf, auf deinem Papier, in deinen Word-Dokumenten und Excel-Tabellen. Jetzt aber bereiten wir zusammen den nächsten Schritt vor: nach außen. Wenn du anderen vermitteln möchtest, dass du vertrauenswürdig und kredibel bist, etwas kannst und weißt und für etwas stehst, dann müssen sie dich überhaupt erst mal wahrnehmen. Nur so kannst du deine Personal Brand weiter aufbauen. »Klappern gehört zum Geschäft«, sagt man. Du musst also Wellen schlagen, Aufmerksamkeit erzeugen, Werbung machen, deine Markenbotschaft verbreiten – sonst bleibt sie ungehört. Dafür nutzt du Kanäle, die dich mit deiner Zielgruppe verbinden und über die du deine Botschaft transportieren kannst.

Sichtbarkeit ist das A und O beim Personal Branding.

Du kannst dich positionieren, was das Zeug hält. Wenn du vergisst, der Welt davon zu erzählen, dass du das getan hast, wird es niemand wissen. Viele Marken lassen sich etwa für viel Geld tolle Webseiten bauen – die aber niemand anschaut. Keine Wahrnehmung, keine Kundenansprache, alles für die Katz. Darum: Mach dich sichtbar!

## 6.1 Was sind Kanäle – und welche sind die richtigen für mich?

Langsam und vorsichtig schiebt sich das Schiff durchs Meer. Ringsum herrscht dichter Nebel. Grau backbord, Grau steuerbord. Grau hinter dem Heck, Grau vor dem Bug. Grau oben und Grau unten. Für den Kapitän am Steuerrad sieht ringsum alles gleich aus. Doch da strahlt das Licht eines Leuchtturms durch die Nebel-Suppe. Die Küste wird erkennbar, da ist die Hafeneinfahrt! So wie das Licht des Leuchtturms das Land für den Kapitän sichtbar macht, so brauchst du Mittel und Wege, über die dein Publikum von dir erfährt. Man könnte diese Mittel und Wege auch »Tools, »Verbindungen« oder auch ganz sachlich Kommunikationsformen nennen. Ich nenne sie »Kanäle«. Damit meine ich sämtliche Möglichkeiten, über die deine Inhalte und dein Branding transportiert werden können.

Ein Kanal kann ebenso ein Blog-Beitrag, ein LinkedIn-Profil oder eine gedruckte Broschüre sein sowie dein Auftritt auf der Bühne bei einer Branchenveranstaltung oder sogar dein Outfit und deine Körperhaltung währenddessen. Ich fasse den Begriff also sehr weit. Denn dir steht eine große Bandbreite an Kanälen zur Verfügung, die du auch in ihrer ganzen Vielfalt nutzen solltest. Deine Personal Brand entsteht in den Köpfen deiner Zielgruppe aus der Summe sämtlicher Inhalte und Aussagen, die du ihnen über alle denkbaren Kanäle zukommen lässt. In der Vorstellung, die sich in den Köpfen der Menschen von dir formt, wird niemand unterscheiden zwischen einem Fachartikel von dir und deiner äußeren Erscheinung bei einem Liveauftritt während einer Panel-Diskussion. Alles vermischt sich zu einem Bild. Und mehr noch:

Alle Kanäle müssen zusammenwirken – und dürfen sich nicht widersprechen.

Du fragst dich jetzt vielleicht: Und was ist mit meinen Inhalten, wenn wir schon über die Mittel zu ihrer Verbreitung sprechen? Wie auch bislang in diesem Buch gehen wir methodisch Schritt für Schritt vor. Du wählst darum zunächst die für dich passenden Kanäle aus, über die du deine Zielgruppe ansprechen möchtest, und bereitest diese Kanäle vor. Erst dann fängst du an, diese Kanäle auch mit Content zu füllen, und gehst auf die Suche nach Kontakten, Followern, Fans, potenziellen Kunden. Denn die willst du nicht nur von Anfang an über den richtigen Kanal ansprechen. Sie sollen auch nicht vor leeren Seiten stehen, wenn sie deiner Ansprache schließlich folgen sollen.

Wie Inhalte aussehen können, erzähle ich dir später noch. Hier fragen wir uns erst mal: Über welche Kanäle willst du mit deiner Zielgruppe kommunizieren? Schreiben, Fotos schießen und Grafiken erstellen, Gesprochenes aufnehmen oder Filmclips drehen, online oder offline, dazu Bühnenauftritte oder Buchveröffentlichungen, das geht alles, auch miteinander kombiniert. Dir steht ein breites Arsenal an Möglichkeiten zur Verfügung. Es kommt aber darauf an, dass du diejenigen Kanäle auswählst, die zu deiner Zielgruppe passen. Schon in Kapitel 5 »Finden – wie du dich klar positionierst« hast du ja unter anderem analysiert und notiert, wo sich deine Zielgruppe aufhält, im echten Leben und digital. Also an welchen realen Orten du sie treffen kannst, was sie liest, hört, sich anschaut und welche Seiten im Internet sie besucht. Business-Brunches, Fachkonferenzen, Messen. Auch Magazine und Zeitungen, gedruckt oder online. Fernsehsendungen, Pressemitteilungen, Industrie-Newsletter. Soziale Medien, YouTube, Blogs. Was auch immer. In jeder Branche, in jeder sozialen Gruppe, auf jedem Fachgebiet sind andere Kanäle angesagt und verbreitet.

# Case 5 – meine Erfahrungswerte

## Unser Kanal-Portfolio für einen Vordenker

Nikbin Rohany treibt die Digitalisierung der Dienstleister – insbesondere der Friseur- und Beautybranche – voran, seit er nach einer Krise 2018 die Führung des Münchner Software-Unternehmens Shore übernommen hat. Sein Produkt besteht aus einer Software-as-a-service-Lösung zur digitalen Termin- und Kundenverwaltung sowie aus einem digitalen Kassensystem für den Einzelhandel.

Wir haben bei PIABO für Nikbin Rohany ein passendes Portfolio an Kanälen zusammengestellt, um ihn und Shore als Brand zu platzieren. In seinem Fall haben wir dabei vor allem auf Print- und Online-Medien gesetzt: Und zwar auf der einen Seite auf Wirtschafts- und Gründer-Medien, die über Nikbin Rohanys gelungenen Turnaround bei dem Start-up Shore berichtet haben. Und auf der anderen Seite auf Beauty- und Friseur-Publikationen, die erklären, wie Shore durch Digitalisierung die Kundenzufriedenheit und Effizienz in der Friseur- und Beautybranche steigert. Über Gastbeiträge und Interviews haben wir Nikbin Rohany als Vordenker zu diesem Thema etabliert. Dazu kommen Auftritte in verschiedenen Podcasts, bei denen wir Nikbin Rohany als Thought Leader für die Digitalisierung von Kleinstunternehmen positionieren konnten. Inzwischen ist er ein geschätzter Ansprechpartner für die vielen Branchenmedien der DACH-Region.

Schau jetzt nochmal auf diese Notizen. Daraus wählst du nun diejenigen Kanäle aus, die zu dir, deiner Personal Brand und deinem Thema passen. Wenn du mit deinem Thema zum Beispiel Menschen ansprechen möchtest, die nebenbei etwas anderes machen, etwa Hausfrauen und -männer beim Kochen, dann eignen sich vielleicht Hörbücher oder Podcasts. Wenn dein Thema mit vielen Zahlen und Details zu tun hat, etwa weil du innovative Modelle zur Immobilienfinanzierung vertreibst, dann sind gedruckte Studien oder sogar ein Buch möglicherweise besser geeignet. Wenn du Motivationstrainer bist, bevorzugst du vermutlich Liveauftritte. Und so weiter. Der Kanal muss außerdem auch zu deinem Stil passen. Vielleicht bist du bei deinem Thema sehr pushy und meinungsstark, dann kommst du vermutlich in einem Podcast gut rüber. Oder du liebst es vielleicht, dich per Video darzustellen, frei in die Kamera zu sprechen und dabei Mimik und Gestik zur Kommunikation zu nutzen – etwas, das für den rein sprachorientieren Podcast-Mann ein Graus wäre. Oder du bist eher eine Denkerin, Strategin und Philosophin, dann setzt du vielleicht lieber auf geschriebene Texte. Und wenn du schreibst, bist du dann eher ein Langstreckenläufer für lange Texte? Oder aber ein Sprinter, der gern kurze, knackige, vielleicht sogar provokante Zeilen raushaut? Was ist das Richtige für dich? Kommst du gut rüber? Oder stoffelig? Braucht das noch Übung? Fühlst du dich denn selber damit wohl? Bitte Freunde, Familienmitglieder oder vertrauten Kollege um ihr ehrliches Urteil.

So ergibt sich eine Schnittmenge zwischen den Kanälen deiner Zielgruppe und den Kanälen, die dir liegen. Schreibe diese Auswahl auf. Diese Kanäle der Schnittmenge und nur diese willst und kannst du bespielen. Über sie erreichst du deine Zielgruppe mit möglichst geringen Streuverlusten an Zeit, Geld und Energie. Du wirst also nicht in Kanäle investieren, die überhaupt nicht die gewünschten Ansprechpartner erreichen oder die deine Inhalte nicht auf die passende Art und Weise transportieren.

Die richtige Auswahl an Kanälen zur Ansprache deiner Zielgruppe ist essenziell für deine Glaubwürdigkeit. Nur wenn du andere auf den richtigen Wegen ansprichst, werden sie dich als kredibel wahrnehmen.

Und bedenke dabei: Alle passenden Kanäle, die in deiner Reichweite liegen und die passen, solltest du nutzen.

Öffne so viele Türen für dich wie möglich.

## Kanäle zu deiner Zielgruppe

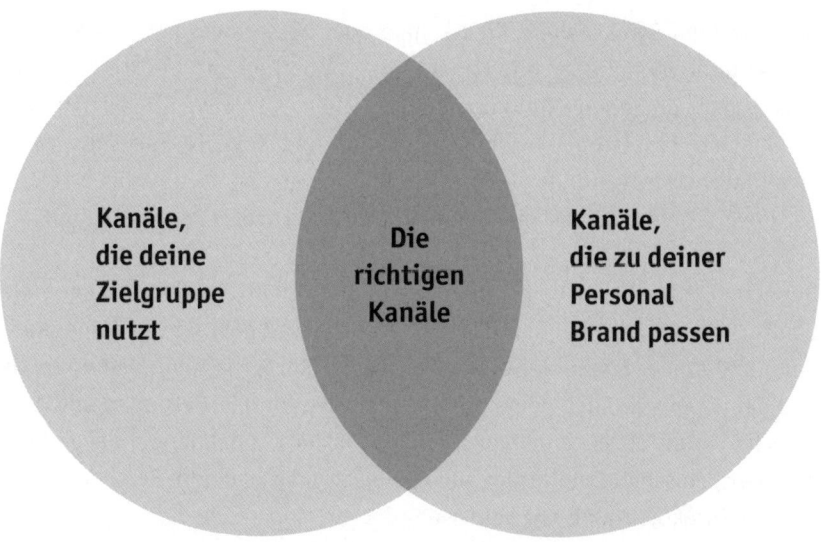

Kanäle, die deine Zielgruppe nutzt

Die richtigen Kanäle

Kanäle, die zu deiner Personal Brand passen

## 6.2 Welche Unterschiede gibt es zwischen Direktkontakten und Medienkanälen?

Wie erwähnt steht dir ein breites Spektrum an Kanälen für eine kredible Ansprache zur Verfügung. Damit wir uns einen Überblick darüber verschaffen können, unterteilen wir dieses breite Spektrum hier grob in zwei Arten von Kanälen. Beide solltest du sorgfältig auswählen, strategisch kontrollieren und in deinem Sinne entwickeln, formen und arrangieren.

Auf der einen Seite stehen Direktkanäle oder besser gesagt: Direktkontakte. Darunter verstehe ich alle Kanäle, die physischen und direkten Kontakt zwischen dir und deiner Zielgruppe ermöglichen. Also etwa Liveauftritte auf Podien und Panels oder bei Präsentationen und Keynote Speeches. Auch Small Talk an Messeständen oder in der Kantine gehört dazu. Dabei ist deine äußere Erscheinung quasi die Benutzeroberfläche deiner Personal Brand.

Der erste Eindruck, den du bei Direktkontakten vermittelst, ist auch der erste Eindruck deiner Personal Brand. Die Oberfläche wird geprägt von deiner Kleidung und deiner Frisur, außerdem von deiner Körperhaltung, deiner Gestik und deiner Mimik. Auch deine Stimme inklusive Tonfall, Betonung und Aussprache vermittelt im Direktkontakt Botschaften – unabhängig davon, was du inhaltlich sagst. Damit trägt auch deine Stimme zu deiner Personal Brand bei. Die Direktkontakte mit deiner physischen Markenoberfläche geschehen zudem in Echtzeit und lassen sich im Nachhinein nicht oder nur schwer korrigieren oder ändern: Wer sich nach einer Begegnung mit dir einmal einen ersten Eindruck von dir verschafft hat, der ist meist nur schwer wieder davon abzubringen. Das ist Chance und Herausforderung zugleich. Die direkten Kanäle wie Kommunikation face-to-face sind schnell und effizient. Über Gesten und Mimik kannst du vor allem Emotionen und Haltungen sehr gut transportieren. Dabei kannst du selbst zu komplexen Themen differenziert Position beziehen. Allerdings kann auch schnell und erbarmungslos spürbar werden, wenn Letzteres fehlt.

Auf der anderen Seite stehen Medienkanäle. Das sind alle Kontakte mit deiner Personal Brand, die in irgendeiner Form medial vermittelt sind – von Blogposts oder Podcasts über gedruckte oder online veröffentlichte Artikel bis zu einem Buch. Auf Medienkanälen kannst du Inhalte meist in Ruhe gestalten, bevor du auf den Senden-Button klickst oder einen Text in die Druckerei schickst. Digitalen Content kannst du oft auch nach Veröffentlichung noch ändern, korrigieren oder sogar wieder löschen. Und du kannst dir zum Beispiel deine Reaktionen auf Kommentare unter deinen Posts sorgfältig überlegen – um dann zu antworten, wenn du die Ruhe dafür hast.

Schon klar: Zwischen den beiden Kanalarten lässt sich nicht eindeutig trennen. Heute lässt sich fast alles multimedial verarbeiten. Deine äußere Erscheinung spielt heute auch in Medienkanälen wie in Videoclips oder Instagramfotos eine Rolle, deine Stimme kommt natürlich auch in Podcasts zum Einsatz. Das zeigt schon, dass du in der Praxis immer mehrere Kanalarten in unterschiedlichen Gewichtungen und Mischungen parallel nutzen wirst. Stell dir vor, du wirst dazu eingeladen, bei einem Kongress eine Keynote-Rede zu halten. Und diese wird dann live im Internet gestreamt und sogar noch für einen späteren Abruf bereitgestellt. Dann ist nur der Auftritt ein direkter Kontakt mit deinen Zuschauern. Der Stream dagegen ist medial vermittelt. Es hängen ja Software, Mikrofone, Rechner, Internet-Infrastruktur sowie Bildschirme und Lautsprecher zwischen dir und deinem Online-Publikum.

In dem beschriebenen Fall kannst du deine Keynote übrigens auch zu einem Hero Content Piece machen. Das ist ein Inhalt, von dem du in kleinen Häppchen immer weitere Inhalte ableiten kannst. Das hat weitere Mischungen zwischen Direktkontakten und Medienkanälen zur Folge. Dann ist deine Rede etwa nicht nur als Stream live im Netz zu sehen. Sondern du stellst hinterher auch noch einen Videomitschnitt auf YouTube. Vielleicht teilst du sie dabei auf in kürzere Clips, die du nach und nach deinem Online-Publikum anbietest. Die Tonspur der Keynote-Aufnahme veröffentlichst du auch noch als Podcast. Hinterher teilst du die Folien aus deinem Vortrag mit deinen Zuschauern über Instagram oder Slideshare. Du verwendest die zehn besten Zitate aus der Präsentation in deinen Tweets. Du fasst den Inhalt in einem Fachartikel zusammen, den du auf LinkedIn oder in einem Branchenmagazin veröffentlichst. Dann gibst du zu den Kernaussagen deiner Keynote auch noch ein Interview in einer Tageszeitung. Und am Ende, da du ja jetzt schon als Expert:in bekannt bist, veröffentlichst du vielleicht sogar noch ein Buch zum Thema. Und hältst weitere Präsentationen dazu.

## 6.3 Wie wichtig sind Direktkontakte für meine Personal Brand?

Im Jahr 1967 veröffentlichte der US-Psychologe und heute emeritierte Professor an der University of California, Albert Mehrabian, eine Studie. Vier Jahre später erschien sie auch als Buch. Der Titel: »Silent Messages« (Mehrabian, Albert 1971). Bis heute wird diese Studie diskutiert (und immer wieder falsch dargestellt). Mehrabian hatte Menschen über ihre Gefühle und inneren Haltungen sprechen lassen. Dabei testete er, wie viel von dem Gesagten sich Probanden merken konnten, wenn die Aussagen nicht mit anderen Signalen wie Stimmlage und nonverbalen Signalen der Sprechenden übereinstimmten. Das Ergebnis: Nur sieben Prozent der Gespräche über Gefühle und innere Haltungen wurden Mehrabian zufolge über Worte vermittelt. Dagegen kamen 38 Prozent über Stimme, Tonfall, Betonung und Aussprache beim Publikum an. Und sogar satte 55 Prozent dessen, woran sich das Publikum später erinnerte, hatte es über Gestik und Mimik gelernt.

Heute zitieren immer wieder Motivationstrainer und Kommunikationsexperten Mehrabians Ergebnisse als sogenannte 7-38-55-Formel. Die besagt, dass angeblich jedes Gespräch zwischen Menschen seine Inhalte nur zu sieben Prozent über Worte vermittelt. Der Rest soll vom Drumherum stammen. Das passt nicht ganz, denn Mehrabians Experimentanordnung lässt sich nicht eins zu eins auf jedes Gespräch übertragen. Die Studie zeigt aber immerhin, dass Stimme, Mimik und Gestik für das Vermitteln von emotionalen Inhalten allgemein sehr wichtig sind. Der ganze Mensch wirkt auf andere, vom Inhalt, dem

*Nutze deinen
Content optimal auf
allen Kanälen.*

gesprochenen Wort, bis zur Verpackung, also Haltung, Gestik, Mimik, Stimme und Kleidung. Es ist wie der Text eines Theaterstücks und dessen Inszenierung: Beide Dinge gehören zum Auftritt eines Darstellers. Im Berufsleben lässt sich jeder zwischenmenschliche Direktkontakt als ein Auftritt auffassen – egal ob am Beamer im Meetingraum oder auf dem Podium der Jahreshauptversammlung.

Du wirkst auf andere – immer.

## 6.4 Wie kommuniziere ich erfolgreich nonverbal mit meiner Zielgruppe?

Du stehst vor der geschlossenen Tür. Dein Herz klopft, deine Handinnenflächen sind etwas feucht, auf deiner Stirn hat sich ein leichter Schweißfilm gebildet. Durch die Tür hörst du das Gemurmel der Anwesenden. Du bist nicht aufgeregt, aber durchaus etwas angespannt. Die Leute da drinnen warten auf dich. Also drückst du die Klinke runter, öffnest die Tür und trittst ein. Drinnen verstummen schlagartig alle Gespräche, sämtliche Blicke richten sich auf dich. Und dann? In nur hundert Millisekunden ist alles gelaufen, sagen die US-Forscher Janine Willis und Alexander Todorov von der Princeton University (Willis/Todorov 2006). Dann haben sich die Anwesenden eine Meinung über dich gebildet. Deine innere Werte, dein Können, dein Unique Communication Point mit Was, Wie und Warum: in diesem Moment (noch) vollkommen schnuppe. Was bei einer persönlichen Begegnung als Allererstes zählt, ist deine äußere Erscheinung, von den Schuhen über eventuelle Statussymbole wie teuren Schmuck bis zur Frisur, von der Körperhaltung über deine Gesten bis zum Gesichtsausdruck. Der erste Eindruck, ganz ohne Worte. Nonverbale Kommunikation. Deine äußere Erscheinung ist die Oberfläche, über die deine Zielgruppe bei direkten Begegnungen ersten Kontakt mit deiner Personal Brand aufnimmt. Über sie machst du ein Statement, noch bevor du überhaupt den Mund aufgemacht hast. In der Zeit eines Augenblinzelns transportierst du erste Botschaften. Und auch diese Botschaften müssen auf deine Brand einzahlen. Es ist wie bei einer Süßigkeit: Bevor ein Konsument zum Inhalt kommt, hat er erst mal mit der Verpackung zu tun. Und nur wenn die ihn anspricht, wird er zugreifen.

Das Äußere ist nicht egal. Nie.

Darum ist es strategisch wichtig, dass du deine äußere Erscheinung und deine nonverbale Kommunikation bewusst planst und einsetzt. Wie schon bei deiner Positionierung im Kapitel 5 ist dein erster Schritt dabei die Selbsterkenntnis. Überleg mal: Welche Kleidung trägst du? Wie wirkst du darin? Wie bewegst du dich, und welche Körperhaltung hast du? Welchen professionellen Eindruck vermittelst du über diese Kanäle? Und welchen Eindruck möchtest du vermitteln? Welche Kleidung und Frisur, Körperhaltung und Mimik sowie vielleicht auch Statussymbole wären dafür notwendig? Auch hier geht es dabei natürlich nicht darum, dass du eine aufgeklatschte Fassade inszenierst. Das ist beim Personal Branding nie der richtige Ansatz. Sondern darum, dass du dir darüber klar wirst, wer du bist, was du kannst, wofür du stehst – und wie du das schon beim ersten Eindruck anderen deutlich machen kannst. Bei der Selbsteinschätzung zeigt sich übrigens meiner Erfahrung nach oft einmal mehr ein Unterschied zwischen Männern und Frauen: Während Männer dazu tendieren, sich deutlich zu überschätzen, was ihre optische Botschaft betrifft, konzentrieren sich Frauen leider zu oft auf ihre negativen Seiten und ihre vermeintlichen Defizite. In Wirklichkeit kommen sie nicht selten deutlich besser rüber, als sie selbst glauben.

Wodurch wirken dein Äußeres und nonverbale Kommunikation über Mimik und Gestik? Sie wirken, indem du damit signalisierst, dass du zuhörst und dazugehörst. Du minimierst Ablenkungen und Irritationen bei anderen. Und vermittelst stattdessen, dass du in der Lage bist, einen wertvollen beruflichen Beitrag zu leisten. Überlege dir also, wie du deine Themen am besten transportieren kannst. Selbst in durchschnittlich eher schluffig gekleideten Branchen wie etwa bei Programmierern gibt es Codes, die Botschaften übertragen. Kann die was? Zu welcher Fachrichtung gehört er, welche Arbeitsme-

*Wer an sich glaubt, an den glauben auch andere.*

thode bevorzugt er? Wie wird die Zusammenarbeit mit ihr wohl sein? Solche Gedanken machen sich potenzielle Kunden und Partner meist unterbewusst, wenn sie dich zum ersten Mal real erleben. Die Regeln, welche Art von nonverbaler Kommunikation welche Botschaften vermittelt, unterscheiden sich dabei deutlich zwischen unterschiedlichen Branchen und Arbeitsfeldern.

Mache dir die Regeln und Codes in deiner Branche bewusst!
Die Unterschiede gelten ganz besonders für die beiden primären Elemente äußerer Erscheinung. Es sind die Kanäle, die anderen als Allererstes ins Auge fallen dürften: deine Kleidung und deine Frisur. In Kapitel 5 haben wir uns kurz mit sogenannten Anker beschäftigt, zu denen auch besonders auffällige Kleidungsstücke, Frisuren und Accessoires zählten, an denen andere einen wiedererkennen können. Darum geht es hier nicht. Sondern um die ganz normale Kleidung, die du täglich im Büro oder zu bestimmten Gelegenheiten wie etwa einer Fachkonferenz anziehst. Es ist eigentlich eine Selbstverständlichkeit, aber ich will es hier trotzdem mal klarstellen: Deine Kleidung und dein Haarschnitt sollten zu deiner beruflichen Tätigkeit passen. Wenn du also möglicherweise in einer kreativen Branche arbeitest, etwa als Grafikerin in einer Kommunikationsagentur, dann wirst du mit deiner Kleidung vielleicht Kreativität und Nonkonformität demonstrieren wollen. Als Finanzberater willst du deinen Kunden dagegen eher zeigen, dass du solide, konservativ und verlässlich bist. Insgesamt aber sind solche Codes in den allermeisten Branchen heute längst nicht mehr so formalisiert wie früher. Das bedeutet für dich: mehr Freiheit bei deiner Inszenierung – aber auch mehr notwendiges Fingerspitzengefühl bei der Auswahl von Kleidung, Schuhen und Frisur.

In einigen Branchen sind auch immer noch Statussymbole wichtig, mit denen sich Erfolg und Status kommunizieren lassen, ohne dass jemand gleich sein Bankkonto vorzeigen muss. Das können bestimmte Kleidungsmarken sein, die dann – branded by brands – zu deiner Personal Brand beitragen. Zum Beispiel die rahmengenähten Budapester von Dinkelacker oder der Blazer von Jil Sander. Für Gründer:innen und Techie-Hipster vielleicht Balenciaga-Sneaker und ein Vertu-Smartphone. Oder klassischere Gegenstände wie eine Rolex Daytona oder die Celine-Handtasche. Auch hier hängt es ganz von deiner Branche und deinem Thema ab, was passt. Wenn du dich etwa als der Expert:in für edle Barolos aus der Toskana positioniert hast, wirst du auf andere Statussymbole setzen, als wenn du bei Foodwatch für gentechnikfreie Lebensmittel kämpfst. Wenn du ein Start-up für $CO_2$-neutrale Sportlernahrung gegründet hast, wirst du sicher anders auftreten, als wenn du gerade den mittelständischen Maschinenbaubetrieb deiner Eltern übernimmst. Es muss authentisch und stimmig sein.

Kleidung und Frisur sitzen, Statussymbole sind ausgewählt? Dann kannst du jetzt ja auf eine Bühne treten. In aufrechter Haltung nimmst du sie für dich ein, stehst aufrecht, mit leicht durchgedrücktem Rücken. Überkreuzt nicht die Beine, sondern stellst die Füße auf Brustbreite locker parallel nebeneinander. Du läufst nicht wie ein Tiger im Käfig von einer Seite zur anderen, sondern du bewegst dich ruhig und angemessen. Deine Arme und Hände flattern nicht wie aufgeregte Hühner durch die Luft, sie bleiben zwischen Bauchnabel und Brust. Darüber wirken sie schnell zu aufgeregt und lenken ab. Du nimmst Augenkontakt zu Anwesenden auf, dein Gesichtsausdruck ist fokussiert und zugleich freundlich. Du strahlst Kompetenz und Selbstsicherheit aus. So ist dein Publikum schon überzeugt, dass du weißt, was du zu sagen hast, bevor du auch nur zu sprechen angefangen hast. Und wenn du zu sprechen beginnst, machst du hier und da entschlossene Gesten – aber nur dann, wenn es inhaltlich sinnvoll ist und das Gesagte unterstreicht.

Mimik, Gestik und Körpersprache können auch auf der Bühne deine Personal Brand unterstreichen oder konterkarieren. In jedem Fall transportierst du über diese Kanäle Botschaften. Und es ist wichtig, dass du dir bewusst machst, welche das sind und welche das sein könnten. Ob du auf der Bühne breitbeinig sitzt wie Wladimir Putin, kann je nach Kontext und Positionierung deiner Personal Brand grob unhöflich wirken – oder aber sinnvoll und schlüssig, etwa wenn du als Motivationstrainer arbeitest, der einen Background als Survival-Spezialist hat und nun Gruppentrainings für Manager an den Hängen des Schwarzwalds anbietet. In anderen Fällen ist vielleicht die rationale Besonnenheit, die Angela Merkel mit ihrer Rauten-Geste vermittelt, passender.

In jedem Fall gibt es Menschen, die live bei Vorträgen, Präsentationen oder auf Panels komplett unpassende Gesten zu seltsamen Zeitpunkten ihrer Rede machen. Sie wedeln und fuchteln herum, schwenken zum Beispiel ihren Arm nicht synchron dazu, wenn sie ihr Publikum mit »ihr alle!« ansprechen. So wird nicht klar, was das inhaltlich sagen soll. Es lenkt ab oder stört sogar Aussagen. Ich habe mal einen Vortrag zum Thema »Die perfekte Rede« gesehen. Der Redner war inhaltlich brillant, fünf Sterne plus. Er hat hoch spannende Aussagen gemacht, ergänzt um tolle Praxisbeispiele. Aber wie der Mann dabei aussah, wie er rüberkam! Grauer, nichtssagender Anzug, ausdruckslose Gesten, schlaffe Körperhaltung, leiernde Stimme – wie eine Schlaftablette. Seine Zuhörer mussten schon sehr diszipliniert dranbleiben, um die inhaltliche Brillanz seines Vortrags erfassen zu können. Weil die ganze Verpackung so abschreckend war.

## 6.5 Welche Bedeutung hat gesprochene Sprache für mein Branding?

Gehen wir nochmal zurück zu der Szene, als du das Zimmer betreten hast und die Gespräche aller Anwesenden verstummt sind, die auf dich gewartet hatten. Sie haben sich einen ersten Eindruck von dir verschafft, sobald du das Zimmer betreten hast. Jetzt stehst du vor ihnen und hast die Chance auf einen zweiten Eindruck. Indem du etwas sagst. Vom griechischen Philosophen Sokrates soll der Spruch stammen: »Sprich, damit ich dich sehe!« Deine Stimme, was und wie du sprichst, das sagt viel aus über deine Persönlichkeit und deine Positionierung. Sprache ist nach Gestik und Mimik das grundlegendste Verständigungsmittel zwischen Menschen. Wie du sprichst, hat Einfluss darauf, wie intensiv Menschen dir zuhören und wie sehr sie dir hinterher vertrauen. Es gibt Unterschiede zwischen der gesprochenen und der geschriebenen Sprache. Gesprochenes ist direkter, emotional berührender, oft auch etwas flapsiger und eben umgangssprachlicher, aber mit mehr Möglichkeiten für Varianz und Betonungen, womit sich weitere Bedeutungen transportieren lassen. Etwa indem du mit deinem Tonfall signalisierst, dass du dich gerade

*Das Auge isst nicht
nur mit, das Auge hört
und denkt auch mit.*

ironisch über das eigentlich Gesagte lustig machst. Das wirst du in einem gedruckten Text mit Kursivsetzungen oder Emojis nie so gut hinbekommen. Und solche Emotionalität verstärkt Bindungen.

Was gehört alles zur gesprochenen Sprache, also zur verbalen Kommunikation? Zunächst natürlich, auf welche Weise du sprechend Inhalte vermittelst, also Rhetorik und Wortwahl. Du willst ja nicht einfach nur Worte zu Sätzen aneinanderreihen und Sätze zu einem Vortrag. Rhetorik heißt Redekunst, du baust deine Ansprache also kunstvoll auf. Hast einen Anfang und ein Ende, ziehst dazwischen einen Spannungsbogen. Machst Pausen an den richtigen Stellen, artikulierst dich angemessen und nimmst die Leute so mit. Dein Ziel: Du willst deine Zuhörer informieren, unterhalten und nicht zuletzt auch überzeugen – von dir und von deinen Inhalten. Es gibt viele gute Lehrer und Lehrbücher, um deine Rhetorik zu verbessern, einige habe ich im Literaturverzeichnis für dich zusammengestellt. Wenn du viel vor anderen sprichst, ist es sinnvoll, dass du dich damit beschäftigst.

Aber wie sprichst du? Jede Stimme rangiert von Natur aus in einer bestimmten Stimmlage. Deren Grundton liegt bei Erwachsenen irgendwo zwischen 125 Hertz für Männer und 250 Hertz für Frauen. Eine etwas tiefere, feste Stimme hinterlässt eher einen kompetenten Eindruck. Eine höhere Stimme signalisiert dagegen eher Angespanntheit und Schutzbedürftigkeit. Das ist ein Nachteil für Frauen mit ihrer von Natur aus im Durchschnitt etwas höheren Stimmlage. Die ehemalige britische Premierministerin Margaret Thatcher soll mit Training ihre Stimme dauerhaft um eine halbe Oktave gesenkt haben, um überzeugender zu wirken.

Zur Stimmlage kommen weitere Charakteristika, etwa dein Sprechtempo, dein Sprechrhythmus mit Variationen zwischen lauten und leisen Passagen sowie deine Aussprache. Zudem kann deine Herkunft unter Umständen prägen, wie du sprichst: über Dialekte aus bestimmten Regionen oder Akzente, die deine Aussprache beeinflussen. Beides kann charmant sein und lässt sich vielleicht für deine Markenpositionierung nutzen. Einen französischen oder italienischen Akzent etwa hört fast jeder Deutschsprechende gern. Wenn du ein angehender junger Modedesigner aus Frankreich bist oder hierzulande italienische Edel-Sportwagen verkaufst, wird ein entsprechender Akzent deine Positionierung verstärken. Dasselbe gilt für leichte Dialektfärbungen. Wenn du dich zum Beispiel als Weinbauer sehr angesagter und teurer Riesling-Weine von der Mosel oder als Sternekoch radikal-lokaler norddeutscher Gourmetküche positionierst, unterstützt dich eine Spur Mundart dabei. Allerdings muss dich deine Zielgruppe natürlich stets einwandfrei verstehen. Und überlege dir, ob andere Menschen, die klares Hochdeutsch sprechen, deinen Akzent oder deine dialektale Färbung gern hören – und vor allem, ob sie auch zu deiner Personal Brand passen.

Rhetorik, Stimmlage, Aussprache im Griff? Dann standest du ja eben schon auf der Bühne, wo du Kompetenz und Selbstsicherheit ausgestrahlt und dein Publikum aufrecht und offen angesehen hast. Und jetzt atmest du noch einmal tief durch, vermeidest den Kardinalsfehler, als Erstes auf das Mikrofon zu klopfen und dort »Hören Sie mich gut, eins, zwei, drei?« hineinzurufen, und fängst an mit deiner Rede oder deiner Präsentation. Du redest ruhig und verständlich. Deine Redepausen zeigen Selbstvertrauen und Kontrolle über die Situation, und du lässt dem Publikum damit Raum zum Erfassen und Nachdenken über das, was du gerade gesagt hast. Du siehst dabei die Angesprochenen immer wieder an. Und wenn es ein ganzer Saal voller Leute ist, dann lässt du den Blick schweifen, sprichst immer wieder Einzelne im Publikum direkt an. Hinter allem, was du sagst, steht dieselbe einfache, aber emotionale Botschaft. So überzeugst du die Anwesenden davon, dass du kompetent bist, dass sie von dir profitieren können und dass sie deiner Personal Brand vertrauen sollten.

Je nach deinem Thema können öffentliche Auftritte und Präsentationen ein immens wichtiger Kanal sein, um deine Inhalte zu deiner Zielgruppe zu transportieren. Die Formate, die du dabei nutzt, können ganz unterschiedlich sein. Manche fühlen sich als Teil eines Panels mit Fragen eines Moderators besser aufgehoben. Andere haben kein Problem damit, allein auf der Bühne zu stehen und auf sich gestellt ein größeres Publikum zu unterhalten. Finde das

*Je mehr Menschen deiner Zielgruppe dich wahrnehmen, desto besser.*

Format, in dem du dich wohlfühlst. Auch für eine überzeugende Bühnenpräsenz gibt es sehr gute Ratgeberliteratur und professionelle Trainer. Wenn du häufiger auf Bühnen stehst, dann solltest du darüber nachdenken. Und dann keine Scheu und raus auf die Bühnen der Welt!

## 6.6 Wie kann der Medienkanal Buch meine Inhalte transportieren?

Nach deinem Auftritt gehst du vielleicht kurz hinter die Bühne, um durchzuatmen und einen Schluck Wasser zu trinken. Aber dann ist wieder dein Einsatz gefragt: Du setzt dich an einen vorbereiteten Tisch im Foyer und unterschreibst – dein Buch. Es ist gerade erschienen und führt das Thema deiner Keynote-Vorträge oder deiner Präsentation von eben detailliert aus. Die Veranstalter waren gerade wegen dieses Buchs zum Thema auf dich aufmerksam geworden und haben dich eingeladen. Du hast einen Karton davon mitgebracht, um auch gleich deinem Publikum die Möglichkeit zu geben, deine Bücher zu kaufen. Die Menschen stehen vielleicht sogar Schlange, um ein Exemplar zu bekommen und es auch gleich signieren zu lassen.

Ein Buch ist als Kanal für deine Personal Brand so ziemlich das Gegenteil deines Auftritts. Es ist ein Medienkanal und kein Direktkontakt. Du schreibst es allein. Die Mitglieder deiner Zielgruppe lesen es jeder und jede für sich allein. Du kannst nicht direkt mit ihnen interagieren. Deine Körperhaltung, deine Frisur oder deine Statussymbole sind bei all dem erst mal egal. Stattdessen geht es allein um den Inhalt (und natürlich das Cover, nach dem ja doch viele ein Buch beurteilen). Aber je nach Thema kann ein Buch als Kanal unter Umständen hilfreich sein, um deine Inhalte zu deiner Zielgruppe zu transportieren. Und das nicht nur direkt, indem andere lesen, was du zu sagen hast. Sondern auch indirekt, als wunderbares Werbemittel. Ein Buch kann deine Kredibilität in ungeahnte Höhen befördern, es macht dich noch mal auf andere Art wahrnehmbar und sichtbar, als es ein Blog oder eine Webseite könnten. Ein echtes gedrucktes und gebundenes Buch gilt auch heute noch vielen

Menschen als hohe Form von gesammeltem Wissen. Wer etwa auf deiner Website landet und dort sieht, dass du ein Fachbuch zu deinem Thema veröffentlicht hast, wird dich mit anderen Augen sehen. Du kannst dich damit auch als Vortragsredner zu deinem Fachthema sichtbar machen. Du kannst es an Geschäftspartner und Kunden verschenken oder an dein Publikum verkaufen. Und wenn es erschienen ist, wirst du dir eventuell über Rezensionen in Fach- und Publikumsmedien wieder neue Kontakte erschließen.

Wer schreibt, der bleibt.

Allerdings bleiben ganz schön viele. Im Jahr 2019 sind in Deutschland rund 70.400 Buchtitel neu erscheinen (Börsenverein des deutschen Buchhandels 2020). Du bist mit einem Buch also nicht gerade allein auf dem Markt. Darum brauchst du ein wirklich gutes Thema. Dein Buch kann ein Sachbuch über deine Branche oder dein Business sein. Oder, wenn dein Lebenslauf wirklich interessant genug ist, sogar eine Autobiografie. Auf diese Form solltest du allerdings nur dann zurückgreifen, wenn dir mindestens eine ganze Reihe an Leuten schon gesagt hat, dass deine Biografie wirklich unglaublich spannend ist. Sonst kann eine Autobiografie auch schnell ein bisschen selbstüberschätzt und aufdringlich wirken. In jedem Fall brauchst du a) ein Thema, das es wert ist, damit zweihundert oder dreihundert Seiten zu füllen, und b) den Willen, in Aufwand, Zeit und Geld zu investieren und das Projekt dann auch durchzuziehen. Denn deine Investments würdest du in den Wind schießen, wenn dir beim Schreiben nach einem Monat die Luft ausginge.

Wenn dir das eine Nummer zu groß ist, kannst du aber auch erst mal auf ein kleineres gedrucktes Format setzen. Das kann etwa eine Analyse sein, ein Positionspapier oder eine eigene kleine Studie, in denen du wissenschaftlich fundiert Zahlen verarbeitest, zum Beispiel aus einer Umfrage, die du unter anderen Experten deines Fachgebiets gemacht hast. Dabei musst du natürlich transparent deine Methodik und deine Datenquellen angeben. Solche Veröffentlichungen müssen Hand und Fuß haben, sonst schaden sie deiner Positionierung nur, anstatt zu nützen.

# Case 6 – meine Erfahrungswerte

### Der »VDZ Media & Innovation Report« von PIABO

Drei Mal im Jahr veröffentlicht PIABO in Kooperation mit dem Verband Deutscher Zeitschriftenverleger (VDZ) den »VDZ Media & Innovation Report«. Diese Publikation setzt sich mit Innovationen und aufkommenden digitalen Trends auseinander – regelmäßig auch mit Fokus auf einzelne Branchen und Fragestellungen. So gab es in der Vergangenheit bereits Reports, die sich mit den Themen Greentech und Digital Health beschäftigt haben. Der Report geht an Verbandsmitglieder und Multiplikator:innen. Die Inhalte finden sich zudem auch ausschnittweise auf unserem PIABO-Blog. Journalist:innen können sich bei Bedarf frei daraus bedienen – die jeweilige Vollversion ist stets verlinkt. Die Expertise bauen wir auch in den Dialog mit neuen Partnern ein. Damit fördern wir den Austausch innerhalb der Branche, zeigen unser Knowhow und reichen die Hand zum Austausch.

## 6.7 Welche Arten von Medienkanälen gibt es überhaupt für mich?

Bücher, aber auch Studien oder Pressemitteilungen sind Medienkanäle. Die gibt es digital oder auch in althergebrachten analogen Formen. Kommunikationsprofis, also Menschen, die Kommunikation vor allem auch in ökonomischen Größen denken, betrachten Medienkanäle noch auf eine andere hilfreiche Weise:

### Owned media

Das sind Medienkanäle, die du selber kontrollieren und bespielen kannst. Du kannst eine Webseite oder einen Blog aufsetzen, Podcasts aufnehmen und ins Netz stellen, eine Broschüre drucken lassen, ein Buch verfassen, eine Studie veröffentlichen oder einen Newsletter an deine Zielgruppe verschicken. Hier quatscht dir niemand anderes rein und sagt dir, was du wie tun sollst.

### Earned media

Zu dieser Gruppe gehören etablierte Medienkanäle, die deine Zielgruppe liest, hört oder sich anschaut. Sie werden von anderen kontrolliert. Einen Zugang dazu musst du dir verdienen, etwa durch exzellentes Fachwissen und gute Kontakte. Earned media kann eine Fachzeitschrift von einem Verlag, ein Newsletter von einem Interessenverband oder der YouTube-Kanal eines Influencers zu deinem Thema sein. Um sie von dir zu überzeugen, könntest du den Betreibern eine Pressemitteilung oder eine Mail schicken. Du kannst sie bei Veranstaltungen ansprechen oder sie mal zu einem Business Lunch einladen, um zu erklären, welche Expertise du hast. Dann haben sie dich als Expertin oder Experten auf dem Schirm, wenn sie mal jemanden aus deinem Fachgebiet suchen.

### Paid media

Unter diesem Begriff fasst man Medienkanäle zusammen, bei denen du Geld in die Hand nehmen musst, wenn du darin auftauchen möchtest. Zum Beispiel, indem du für einen bekannten Podcast ein Sponsorship übernimmst und dort dann auch als Gesprächspartner auftrittst. Oder ein Advertorial, das du in eine renommierten Fachmagazin schaltest, weil du eine eigene Studie breiter bekannt machen möchtest. Vor einer Investition in paid media solltest du natürlich abwägen, ob und auf welche Weise sie sich rentieren wird.

**Shared media**
Dazu zählen sämtliche Medienkanäle, auf denen du Inhalte kostenlos mit anderen Menschen teilst, was diese wiederum mit ihren Followern teilen können. Natürlich stehen dabei an vorderster Front Social Media. Denke daran: Du teilst dabei eigentlich nicht Medien, sondern vor allem deine Gedanken mit anderen.

In der Praxis finden sich viele Mischformen. Ein Podcast etwa kann sowohl zu owned media gehören, weil du ihn selber aufgenommen hast, als auch zu shared media, weil ihn Menschen dann online teilen. Natürlich können Podcasts auch earned media sein, weil du einen Beitrag zu einer etablierten Podcast-Reihe gestaltet hast oder von den Machern dieses Podcasts interviewt worden bist. Und paid media kann es ebenfalls sein, wenn du den Zugang dazu erkauft hast. Du hast also viele Möglichkeiten, um über Medienkanäle deine Inhalte kredibel zu deiner Zielgruppe zu bringen. Insgesamt aber werden Medienkanäle heute natürlich vor allem online genutzt. Mal angenommen, du bist Unternehmer:in und hast dein Portfolio gerade um eine neue Dienstleistung erweitert oder einen Wettbewerber übernommen. Dann willst du Fachmagazine, Branchenverbände oder Partnerunternehmen vielleicht per Pressemitteilung darüber informieren. Diese Pressemitteilung aber wird vermutlich nur noch in den seltensten Fällen vorwiegend oder ausschließlich auf Papier zirkulieren. Eher wirst du sie auf deine Firmen-Webseite stellen und per Mail über einen Adressverteiler verschicken. Oder sogar über spezielle Pressedienst-Webseiten, die solche Mitteilungen gegen eine Gebühr für dich veröffentlichen und direkt an potenziell interessierte Journalist:innen schicken, inklusive Links auf deine Seite.

# 6.8 Welche Vorteile haben Online-Medienkanäle?

Medienkanäle sind heute vor allem Online-Medienkanäle und es ist eine Binsenweisheit zu sagen, dass die Digitalisierung auf den Kopf gestellt hat, wie wir leben und arbeiten. Deine Vertriebsorganisation in China steuerst du mit Videokonferenzen. Den Projektpartner bei deiner anstehenden Studie konntest du bislang noch nicht persönlich treffen, aber ihr tauscht euch rege per Mail und Whatsapp aus. Und die Zeiten, in den sich auf dem Schreibtisch deiner Personalabteilung chic ausgedruckte Bewerbungsmappen inklusive Lebenslauf und Porträtfoto stapelten, die sind auch lange vorbei. Diese Geschäftsprozesse sind digital geworden, so wie weite Teile des Lebens digital geworden sind. Das macht alles etwas unübersichtlicher. Aber auch offener. Voller neuer Möglichkeiten. Denn digitale Medien sorgen zwar mit für das enorm laute Grundrauschen unserer Zeit – aber sie ermöglichen es zugleich auch, dass du mit ein paar gut überlegten Handlungen aus diesem Rauschen heraussstichst.

Denn über Online-Medienkanäle wie Webseiten, Podcasts oder Social-Media-Profile können heute Privatpersonen mit ihren Markenbotschaften theoretisch so viele Menschen erreichen, wie es vor einigen Jahren nur großen Konzernen vorbehalten war. Und die mussten damals Millionen Euro dafür ausgeben. Denn es war (und ist) nicht gerade billig, überall in der Stadt Werbung plakatieren zu lassen. Es kostete auch schon immer ein kleines Vermögen, einen Werbespot zur besten Sendezeit im Fernsehen zu schalten. Das ist immer noch so, obwohl bekanntermaßen immer weniger Menschen einfach so die Glotze anschalten. Die TV-Spots sind dabei auch noch zeitlich begrenzt. Und du kannst darin auch nicht einfach sagen und zeigen, was du willst, sonst senden es die großen TV-Stationen vielleicht nicht. Von den technischen Hürden wollen wir hier gar nicht erst sprechen.

Auch als das Internet schon weit verbreitet war, war es lange Jahre nicht ganz billig und einfach, eine Domain zu reservieren, die Seite designen zu lassen und dann noch in den relevanten Suchmaschinen-Verzeichnissen zu verankern. Heute reichen ein paar kostenlose Nutzerkonten, etwas Zeit und Mühe – sowie natürlich passende Inhalte und ansprechende Markenbotschaften. Zugleich haben sich auch die technischen Möglichkeiten erheblich verbessert. Noch vor Jahren konnten Handykameras gerade mal ein paar pixelige Fotos aufnehmen. Heute lassen sich mit der eingebauten Kamera eines modernen Smartphones hochauflösende Filme drehen. Das gedrehte Material kannst du per Video-App gleich professionell nachbearbeiten. Und es dann über Webseiten oder andere Plattformen im Netz sogar weltweit verfügbar machen.

Jedenfalls war es für dich noch nie so leicht wie heute, andere Menschen zu erreichen. Aber, und das ist das Wichtige bei Personal Branding, nicht irgendwelche Menschen. Also nicht wie bei herkömmlicher Werbung jeden Autofahrer auf der Ausfallstraße oder jede, die abends zur Primetime vor ihrem Fernseher auf dem Sofa versackt. Sondern du kannst auch noch exakt die Zielgruppe ansprechen, die du ansprechen möchtest. Also diejenigen, die es interessieren könnte, was du zu sagen und anzubieten hast. Die mit dir auf einer Wellenlänge liegen. Die deine Leidenschaft teilen und die sich deinen Content darum sogar auf eigene Initiative holen. So kannst du detailliertes Wissen über Kunden und Zielgruppen zusammentragen und Multiplikatoren ansprechen. Und mehr noch: Du kannst eine globale Community von Followern aufbauen, mit ihren Mitgliedern diskutieren, von ihnen Feedback erhalten und dich mit Gleichgesinnten jederzeit zu deinem Spezialthema austauschen. Du gewinnst Anschluss an wertvolle Netzwerke, über die Inspiration und Anregungen zurückkommen.

Eben darum haben sich Social Media zum wichtigsten Werkzeug für Personal Branding entwickelt. Denn auf Plattformen wie LinkedIn und Twitter, Facebook, Instagram oder XING können sich Gleichgesinnte leicht vernetzen. Die Sozialen Medien bieten auch die einfachsten Möglichkeiten zum direkten Austausch miteinander, zum Posten, Liken, Kommentieren und Sharen von Inhalten. Darum heißen sie ja »sozial«. So findest du die passende Community für das Spezialgebiet, das du in deiner Personal Brand kredibel kommuni-

*Lieber die Richtigen,*

*die etwas bewegen,*

*als nur Mitläufer.*

zieren möchtest, kommst mit Expertinnen ins Gespräch und tauschst dich mit potenziellen Kunden oder Partnern aus.

Am intensivsten nutzen dieses Prinzip in den Social Media heute Influencer und Influencerinnen, wenn sie sich von Firmen dafür bezahlen lassen, dass sie für ihre Follower etwa neue wasserdichte GTX-Sneakers, ein dezentes Tages-Make-up oder eine Wüstentour in Marokko »testen«. Wie sie kann heute jeder und jede mit Social Media besser als je zuvor vermitteln, wofür er oder sie steht, was er macht, wofür sie Expertin ist. Und dabei kommt es nicht immer auf die Zahl der Follower an. Sondern darauf, die richtige Zielgruppe zu erreichen – etwa potenzielle neue Mitarbeiterinnen und Mitarbeiter oder diejenigen, die sich für eine spezielle Dienstleistung interessieren könnten. Bei einem Nischenthema können ein paar tausend Follower genauso relevant sein wie Millionen bei einem Promi-Influencer.

## 6.9 Was sind meine ersten Schritte für meine Online-Medienkanäle?

Online bieten sich endlose Möglichkeiten für deine Personal Brand. Allerdings auch endlos viele Möglichkeiten für Fehltritte. Du solltest deinen Online-Auftritt darum sorgfältig vorbereiten und ihn Schritt für Schritt aufbauen. So kannst du sicherstellen, dass nicht irgendwann Inhalte über dich im Netz kursieren, die deine Marke unterminieren. Und weil du ja noch am Anfang deines Personal-Branding-Prozesses stehst, solltest du jetzt erst mal herausfinden, welcher Content über dich aktuell online zu finden ist. Indem du dich ganz simpel selber googelst. Mit deinem Vornamen und deinem Nachnamen in Anführungszeichen, für eine präzise Suche: »Vorname Nachname«. Je nachdem, wie aktiv du bislang online warst und welchen Namen du trägst, spuckt der Algorithmus vielleicht eine lange Liste an Ergebnissen aus, vielleicht auch nur ein paar. In jedem Fall überprüfst du das sorgfältig. Und zwar nicht nur die erste Seite der Suchergebnisse, sondern du dringst so weit wie möglich in die Tiefen des Netzes vor. Welche Links findest du auf Seite 20 oder 30 der Ergebnisliste? So verschaffst du dir einen Überblick darüber, wie du online überhaupt dastehst. Welche Inhalte unter deinem Namen zu finden sind. Vielleicht auch, welche Inhalte von anderen Menschen mit demselben Namen da auftauchen. Damit bekommst du eine Idee davon, wie andere dich sehen, wenn sie dich googeln. Und das tun sie, jeden Tag: der Kunde, der sich für dein Produkt interessiert, der Zulieferer, den du letztens auf dieser Konferenz kennengelernt hast, der Personaler, dem du eine Initiativbewerbung geschickt hast. Sie alle checken dich erst mal genau auf diese Weise ab, um ein paar erste Hintergrundinfos zu dir zu bekommen. In ihren Augen sind die Suchergebnisse Teil deiner Personal Brand, deiner Selbst-Positionierung. Sie sind also wichtig. Um sicherzugehen, dass du alles erfasst hast, machst du dasselbe jetzt auch noch mit anderen Suchmaschinen. Denn jede Suchmaschine arbeitet mit einem anderen Algorithmus. Und bei Bing oder DuckDuckGo kommen unter Umständen ganz andere Ergebnisse über dich zutage. Das ist ein 360-Grad-Research zu dir selber.

Kommen da alte Leichen aus dem Schrank?

Erscheint jetzt beispielsweise ziemlich weit oben in der Linkliste der schon etwas ältere Gastartikel für ein Online-Branchenmagazin, in dem du vehement eine fachliche Meinung vertreten hast – die aber heute als vollkommen überholt gilt? Oder der Rant, als du dich vor zehn Jahren mal sehr über den Bürgermeister deiner Gemeinde aufgeregt hast, weil der das neue Gewerbegebiet nicht sofort mit Highspeed-Internet angeschlossen hat? Tauchen da die Fotos von dir in deinem – ziemlich knappen! – neuen Bikini auf, den du zu deinem zwanzigsten Geburtstag bekommen hast? Oder vielleicht sogar ein YouTube-Link mit deinem #nametag und dem Clip von der Klassenfahrt vor zig Jahren, als du besoffen mit Kissen auf dem Kopf im Jungszimmer den Napoleon gespielt hast? Ganz ehrlich, es ist fast nie eine gute Idee, Fotos von sich selber beim Ausgehen zu posten, mit Drink in der Hand an der Bar oder verschwitzt irgendwo auf einer Tanzfläche. Vor allem nicht als Erwachsener. Aber eigentlich nie. Das war vielleicht in der Nacht ein magischer Moment – aber am nächsten Morgen und in allen folgenden Jahrzehnten bleibt nichts weiter davon übrig als das Bild von einem angeschickerten Menschen mit entgleisten Gesichtszügen. Und das soll jetzt für immer Teil deiner Personal Brand sein? Lieber nicht. Falls es so etwas gibt, solltest du sämtliche polarisierenden Entgleisungen, sexuell expliziten Selbstdarstellungen oder sonstiges aggressives Verhalten von dir online aufspüren und sorgfältig notieren, wo das zu finden ist. Das ist jetzt ein bisschen peinlich, nicht wahr? Aber such weiter, bis du wirklich alle Leichen aus allen Schränken ans Tageslicht befördert hast.

Das Netz vergisst nicht.

Jedenfalls nicht von allein. Darum holst du jetzt, um mal im Bild zu bleiben, diese Leichen aus den Schränken und begräbst sie. Du kümmerst dich also darum, sämtlichen Content offline zu nehmen, der nicht zu deiner aktuellen Markenstrategie passt. Fang mit den einfachen an, also Bilder und Posts auf deinen eigenen Seiten und Profilen. Oder Kommentare bei anderen, die du problemlos selber löschen oder sonst irgendwie aus dem Netz nehmen kannst. Mach das gründlich. Wo Inhalte nicht zu löschen sind, wirst du im Laufe deines Personal-Branding-Prozesses versuchen, an derselben Stelle gezielt neuen, frischen Content aufzuspielen, der zur aktuellen Positionierung deiner Personal Brand passt. Er verdeckt dann im Idealfall die Peinlichkeiten. Menschen entwickeln sich weiter, auch du. Darum sorge dafür, dass der Content über dich aktuell bleibt.

Lösche den alten Krams oder überschreibe ihn.

Aber bleibe dabei diskret. Sonst droht dir der Barbra-Streisand-Effekt. Der Begriff stammt vom Versuch der US-Schauspielerin, ein Foto verbieten zu lassen. Es war entstanden, als ein Fotograf zwölftausend Luftaufnahmen von der kalifornischen Küste geschossen hatte, um dort die Erosion zu dokumentieren. Auf einem der Fotos war zufällig auch Streisands Strand-Anwesen aus der Luft zu sehen. Sie verklagte darum 2003 den Fotografen auf fünfzig Millionen US-Dollar Schadensersatz. Mit dem Effekt, dass das eigentlich unbedeutende Foto des Küstenschutzprojekts daraufhin massenhaft das Internet flutete. Weil doch sehr viele Menschen mal sehen wollten, wie denn eigentlich die Streisand so wohnt. Der ungeschickte Versuch hatte also das genaue Gegenteil erreicht und erst recht die Scheinwerfer der Öffentlichkeit auf die unliebsame Information gerichtet.

## 6.10 Welche Online-Medienkanäle kann ich nutzen?

Leichen begraben? Streisand-Effekt vermieden? Dann gehen wir jetzt Schritt für Schritt weiter, um deine Online-Medienkanäle aufzubauen. Fangen wir mal bei einem der am weitesten verbreiteten und am häufigsten genutzten Kanäle an. Vielleicht so weit verbreitet und so häufig genutzt, dass du bislang kaum einen Gedanken daran verschwendet hast: bei deinen E-Mails. Wenn du Projektpartner oder potenzielle Kunden initiativ per Mail kontaktierst, sind diese Mails die erste Kontaktoberfläche zu deiner Personal Brand. Dementsprechend wichtig sind sie darum unter Umständen. Aber wie sehen deine Mails aus? Hast du eine ordentliche Mailadresse? Also nicht »schnucki2000@ aol.com«, sondern so etwas wie »vorname.nachname@deinewebseite.de«? Das wirkt seriöser und professioneller. Als Nächstes folgt der Schriftsatz, den du verwendest. Passt der zu deinem Thema, oder bist du bei dem alten Font hängen geblieben, in dem du schon 1996 deine erste Mail geschrieben hast? Außerdem brauchst du natürlich angemessene Anreden und eine passende Abschiedsformel. Je nach deinem Verhältnis zum Adressaten kann das von »Sehr geehrte XY« und »Mit freundlichen Grüßen« bis zu »Hi!« und »Bis bald!« reichen. Und unter die Mail setzt du eine sachliche Signatur mit deinen Kontaktdaten, vielleicht ergänzt um einen Link zu deiner Online-Präsenz beziehungsweise ein kleines Logo deiner Personal Brand. Und eventuell inklusive eines Links von Google Maps zu deinem Ladenlokal oder deinem Büro, wenn du Laufkundschaft ansprechen möchtest. Per Mail kannst du unter anderem auch deinen eigenen Newsletter verschicken. Dafür brauchst du allerdings eine Adressdatenbank, die deine Zielgruppe möglichst umfassend abbildet. Aber Achtung: Aus Datenschutzgründen darfst du Newsletter nur versenden, wenn sich die Adressaten in einem Double-Opt-In-Verfahren zunächst in deine Adressliste eingetragen und dieses Abo dann noch mal bestätigt haben. E-Mail-Newsletter sind zwar arbeitsaufwendig, weil sie in jedem Fall einen regelmäßigen Rhythmus benötigen. Aber sie sind auch eine sehr gute Möglichkeit, dich bei deiner Zielgruppe präsenter zu machen. Und es gibt kostenlose Tools, um sie einfach zu administrieren.

Am professionellsten wirken Mails, die gehostet sind bei deiner eigenen Webseite. Nicht jede und jeder braucht eine eigene Webseite. Aber je nach deiner Branche kann sie auch ein absolutes Muss sein. Deine eigene Seite kann die Basis deiner Online-Aktivitäten bilden. Das, was Nutzer über Google als Erstes über dich finden. So oder so ist es ratsam, dass du deinen Namen und die nächstliegenden Varianten als Internetadressen besetzt, indem du ihn registrierst. So kannst du sichergehen, dass nicht irgendwann jemand Pornos, Neonazi-Content oder andere unangebrachte Inhalte unter deinem Namen anbietet. Wenn du deine Webseite nutzen willst und nicht gerade Grafikdesign- und HTML-Profi bist, dann bastelst du sie nicht selber zusammen, sondern lässt sie professionell bauen und gestalten. Vor allem deine Landing Page, die Besucher zuerst zu Gesicht bekommen, ist quasi eine Online-Visitenkarte deiner Personal Brand. Schon hier müssen Nutzerinnen und Nutzer direkt erkennen, wem diese Seite gehört, was der Betreiber anbietet und wie sie ihn oder sie erreichen können. Unter einem Menüpunkt wie »About me« oder »Über mich« kannst du dich mit deinen Qualifikationen und Eigenarten als Mensch hinter deinem Angebot präsentieren. Dazu gehören auch deine Qualifikationen, also abgeschlossene Ausbildungen oder Hochschulstudiengänge, Doktorarbeiten oder Habilitationen. Auch Weiterbildungen, an denen du teilgenommen hast, und sonstige Projekte, bei denen du Erfahrungen zu deinem Thema sammeln konntest, etwa Veröffentlichungen und Kooperationen. Unter weiteren Menüpunkten kannst du auch einzelne Produkte oder Dienstleistungen vorstellen. Und du hast auf deiner Seite die Möglichkeit, eine Referenzliste deiner Kunden anzuführen. Natürlich nicht unbedingt alle Kunden, du wählst die renommiertesten aus. Du fragst sie vorher um Erlaubnis, ob du sie erwähnen darfst sowie ihre Firmennamen und Logos verwenden kannst. Je nach eurem Verhältnis kannst du deine Kunden sogar bitten, dir kurze Empfehlungen zu schreiben.

Eine weiterer wichtiger Online-Medienkanal kann ein eigener Blog sein, den du entweder über deine Webseite veröffentlichst oder bei einem professionellen Blog-Hoster. Vielleicht ist auch das Blogportal Medium.com etwas für dich. Das ist ein gemanagter Blog, auf dem du mit anderen Autorinnen und Autoren präsent sein kannst. So etwas ist unter Umständen hilfreich, wenn du dich nicht selber mit Blog-Tools wie Wordpress oder gar einer eigenen Programmierung auseinandersetzen möchtest. Allerdings hast du auf einem eigenen Blog erst mal keine oder nur eine geringe Reichweite. Schließlich bist du neu, und niemand oder nur wenige User kennen dich. Darum startest du unter Umständen am einfachsten erst mal mit Gastbeiträgen bei etablierten anderen Blogs, bevor du auf deine eigene Plattform wechselst. In jedem Fall kannst du beim Blogging flexibel Texte (kurze Artikel, aber zum Beispiel auch Studien oder Positionspapiere von dir), Bilder (etwa auch Infografiken), Audioaufnahmen oder Videos veröffentlichen. So kannst du spielerisch in die Content-Generierung zu deiner Personal Brand einsteigen. Allerdings solltest du nur dann anfangen zu bloggen, wenn du auch wirklich in der Lage bist, über einen längeren Zeitraum regelmäßig zu posten. Ein Blog, dessen letzter Eintrag fünf Monate alt ist, ist nicht hilfreich. Sondern vor allem peinlich.

Je nach Auslegung ist ein Podcast entweder möglicher Content für deinen Blog beziehungsweise deine Social-Media-Profile – oder sogar ein eigenständiger Online-Medienkanal, weil er sich ja unabhängig von deinen Seiten verbreiten kann. Wir wollen uns hier nicht in Definitionsdetails verlieren. Sicher ist, dass du über Podcasts gut eine Verbindung zu deiner Zielgruppe aufbauen kannst. Sie lassen sich für Hörer bequem konsumieren, wann es ihnen passt – morgens beim Joggen, im Auto auf dem Weg zur Arbeit, in der Mittagspause, abends auf dem Sofa. Und sie bringen dich als Menschen deiner Zielgruppe näher, mit deinem Know-how, in deiner eigenen Sprache, über deine Stimme mitsamt ihrer Charakteristika. Von so etwas fühlt sich dein Publikum emotional viel mehr angesprochen als vom Lesen eines Textes. Noch etwas persönlicher sind kurze Videoclips, die du zu deinem Thema einsprichst und aufnimmst. Solche Videocasts lassen sich auch leicht über YouTube veröffentlichen. Wenn deine Inhalte gut sind, verbreiten sich Audio- oder Videoclips im Idealfall auch von allein unter der Zielgruppe. Dafür müssen sie allerdings auch qualitativ top sein. Keine verrauschten, unhörbaren Tonaufnahmen, keine verwackelten, schlecht ausgeleuchteten Filmchen! Und achte darauf, dass deine Podcasts oder Videocasts immer ungefähr gleich lang sind und einen Vorspann haben, den du immer wieder verwendest. So erkennt dein Publikum deine Beiträge als Teile einer umfassender angelegten Reihe.

Continuity is king.

Weitere denkbare Online-Medienkanäle sind unter anderem spezielle Formen wie Webinare oder Online-Workshops, in denen du Teilnehmern kompakt und informativ Inhalte vermitteln kannst. Das eignet sich besonders gut bei Themen, bei denen du etwas zeigen und erklären möchtest und für die du dir Live-Interaktion mit einem Publikum wünschst. Unter Umständen kannst du Webinare auch mit starken Partnern wie Unternehmen oder Verbänden aufsetzen, denn die haben die notwendigen Kontakte.

## Webinare

Ich habe gute Erfahrungen mit Webinaren für PR-Themen gemacht. Dafür habe ich eine Community aus den für uns relevanten Ansprechpartnern aufgebaut, die sich für diese Themen interessiert. Du kannst aber auch erst mal kleine Brötchen backen und vielleicht mit zehn Teilnehmern anfangen. Wenn du deine Themen gut strukturierst und am Ball bleibst, gewinnst du stetig neue Zuschauer hinzu.

Mein Tipp: Sorge unbedingt dafür, dass du dich mit der Technik auskennst und alles ordentlich aussieht. Probe den Ablauf ein paar Mal durch. Du musst dich in der Rolle und mit dem Medienkanal wohlfühlen. Passt das Thema? Ist es aktuell? Ergibt es Sinn, einen zweiten Experten einzuladen? Den Kontakten kannst du im Nachhinein einen Dialog anbieten. Oder du bittest um Feedback, um daraus zu lernen. Und vor allem: Scheue dich nicht, den Content weiterzuerzählen. Ausschnitte, Zitate, Slides oder Gästestimmen könnten auf deinen Kanälen stattfinden. So schnell kommst du selten an gute Inhalte.

## 6.11 Was ist mit Social Media?

E-Mails, Webseiten, Blogs oder auch Webinare – das sind alles effiziente On-line-Kanäle, über die du deine Inhalte zu deiner Zielgruppe transportieren kannst. Den derzeit wichtigsten Medienkanal habe ich mir aber bis zuletzt aufgespart: Social Media wie LinkedIn, Twitter oder Facebook verbinden heu-te so viele Menschen mit anderen Menschen wie nie zuvor in der Geschichte. Und sie sind dabei intuitiv bedienbar und auch noch weitgehend kostenfrei. Du bezahlst die Anbieter quasi mit deinen Daten, die sie für Werbung nutzen können. Dafür bekommst du wirklich einzigartige Kontaktmöglichkeiten, vor allem, was kurze Kontaktwege, Reichweite und emotionale Nähe betrifft. Na-türlich kannst du auf fast allen Plattformen im Rahmen von Paid Social auch gegen Gebühr Content platzieren. In jedem Fall: Wenn du ein paar einfache Techniken und die richtigen Kommunikationscodes beherrschst, kannst du hier deine Inhalte so teilen, wie es dir am besten passt. Auch Thesen raus-hauen oder dich mal mit einer scharfen Ansage klar positionieren. Über neue Kontakte und Kontakte von Kontakten schraubst du schnell deine Reichweite nach oben. Die Likes, Shares, Reposts und Kommentare, mit denen du und deine Follower hantieren, machen deine Brand lebendig. Sie sorgen außer-dem für wertvolles Feedback auf deine Angebote. Kommt dein Inhalt gut an? Musst du noch etwas korrigieren? Liegst du gar falsch? Über Twitter-Nach-richten oder LinkedIn- und Facebook-Posts können sich schnell ausgiebige Fachdebatten entzünden. Über Personal Messages und Kommentare bist du ohne Umwege und ständig erreichbar. Die direkte Kommunikation und der hohe Grad an Transparenz sorgen für eine emotionale Bindung deiner Ziel-gruppe. Auf einen Kaffee mit dem Branchenguru, zu Besuch bei der Exper-tenkonferenz, bei einem Interview für ein renommiertes Fachmagazin – du kannst andere in Echtzeit daran teilhaben lassen, was du gerade erlebst.

Auf Social Media bist du mit der Welt in Kontakt. Mit deiner Welt.

Aber hast du eigentlich schon mal von Friendster gehört? Erinnerst du dich noch an die großen Tage von MySpace? Warst du bis 2019 auch auf Google+ unterwegs? Diese Social Media waren alle mal mehr oder weniger angesagt. Inzwischen sind sie alle in der Versenkung verschwunden. Social Media sind hochdynamisch. Und wenn dieses Buch erschienen ist oder sogar ein, zwei Jahre auf dem Buckel hat, dann sind möglicherweise wieder ganz andere Plattformen im Fokus als heute. Aber nicht nur das: Social Media werden auch ziemlich spezifisch von bestimmten demografischen oder sozialen Gruppen für bestimmte Zwecke genutzt. Je nach Alter, Background und Beruf ist jeder und jede auf anderen Plattformen unterwegs. Darum ist es besonders wichtig, dass du die genau passenden Social Media auswählst, um deine Zielgruppe anzusprechen. Ich kann dir hier nur einen groben Überblick über die wichtigsten Plattformen geben. Was aber genau für deine Brand in Frage kommt, das solltest du sorgfältig recherchieren.

Ziele richtig, dann triffst du richtig.

Zum Beispiel richten sich TikTok und Snapchat eher an jüngere Zielgruppen. Aber unter Umständen passen sie perfekt, wenn du mit deiner Brand den wissbegierigen, neugierigen Nachwuchs ansprechen möchtest. Für ein professionelles Business-Umfeld eignen sich vor allem LinkedIn, sein deutschsprachiges Pendant XING sowie der Kurznachrichtendienst Twitter, außerdem mit ein paar Einschränkungen auch Facebook (insb. Gruppen) und Instagram. Ein paar Worte zu den wichtigsten Plattformen:

### Facebook und Instagram
Diese beiden Social Media sind etwas privater oder zumindest mehr auf Unterhaltung ausgerichtet. Hier erreichst du Menschen eher in Freizeitstimmung. Was natürlich für bestimmte Inhalte und Themen genau das Richtige sein kann. Etwa für Insta-Influencer mit den Themenschwerpunkten Ernährung, Fitness oder Kultur – aber vielleicht nicht unbedingt für eine Immobilienmaklerin mit Fokus auf stadtnahe Villen gehobenen Standards. Facebook war früher vor allem etwas für Jüngere, doch inzwischen ist das Publikum hier ziemlich in

die Breite gegangen. Was wiederum Early Adopter und sonstige Trendsetter zu anderen Plattformen getrieben hat. Dadurch hat Facebook in jüngster Vergangenheit doch einiges an Reichweite verloren. Aber es ist immer noch das größte Soziale Medium, allein in Deutschland nutzten 2020 zweiunddreißig Millionen Menschen aktiv Facebook. Wenn du auf Facebook und Instagram Posts zu etwas sachlicheren Geschäftsthemen absetzt, dann erzählst du deine Geschichten nicht für eine reine Business Crowd. Sondern du erklärst mehr für eine breite Masse von Nicht-Fachleuten, mit weniger Fachworten, dafür mit mehr Unterhaltungswert. Du postest etwa gut ausgewählte Einblicke in deinen Alltag oder Momentaufnahmen, wenn du beruflich auf Reisen bist. Auch persönliche Eindrücke von Kunstausstellungen, von architektonischen Highlights, von vorzeigbaren Hobbys wie Segeln oder von gemeinnützigem Engagement sind unter Umständen ein schönes Extra für dein Branding. Über Instagram kannst du so etwas mit gut gemachten Bildern erzählen. Ergänzt etwa auf Pinterest durch Moodboards zu deinen Themen mit Fotos, die du im Netz gefunden hast. Auf diese Weise kannst du deiner Brand eine sinnliche Seite geben. Unter deinen Followern auf Facebook und Instagram finden sich sicher auch Verwandte, Freunde oder gute Bekannte. Und weil die ebenfalls Multiplikatoren deiner Marke sind, sollten auch sie auf dem Laufenden sein. Über ihre Empfehlungen können sich neue Möglichkeiten ergeben.

**Twitter**
Der Micro-Blogging-Dienst ist perfekt geeignet, wenn du »snackable« Statements und knackige Quotes loswerden willst. Aber auch für direkte Kundenkontakte und Dialoge mit Nutzerinnen und Nutzern. Oder um dich mit den passenden Hashtags in laufende Diskussionen und öffentliche Debatten einzuklinken. Ein Tweet darf maximal 280 Zeichen lang sein. Das ist nicht viel. Die Kürze zwingt dich dazu, auf den Punkt zu kommen. Aber sie verleitet manche auch dazu, selbst komplizierte Zusammenhänge mitunter fast fahrlässig zu verkürzen und zuzuspitzen. Gut twittern will also gelernt sein. Wie oft welche deiner Tweets gelesen werden und ob sie Interaktionen wie etwa Retweets auslösen, das kannst du leicht auf deiner Account-Seite in einer Analyse nachlesen.

## XING

XING ist eine rein berufliche Job- und Auftragsbörse. Für Beruf und Karriere ist es im deutschsprachigen Raum die reichweitenstärkste Plattform. Hier kannst du deine Brand samt Unique Communication Point und konkreten Angeboten kostenlos präsentieren, dich vernetzen und wirst im Idealfall durch potenzielle Auftraggeber oder mögliche Geschäftspartner angeschrieben. Die regionale Ausrichtung ist genau das Richtige für Personal Brands, die vor allem Kontakte aus Deutschland oder deutschsprachigen Ländern ansprechen wollen. Für andere bedeutet der Fokus eine klare Einschränkung: Wenn du auch international tätig bist oder zumindest internationale Kontakte brauchst, dann musst du zu LinkedIn.

## LinkedIn

An LinkedIn kommst du heute nicht vorbei, wenn du ernsthaft Personal Branding betreibst. Es ist die global wichtigste Plattform für Job und Karriere. Weltweit schauen mehr als siebenhundert Millionen Menschen mindestens einmal im Monat bei LinkedIn rein. Du kannst hier kostenlos eine eigene Internetpräsenz für deine Personal Brand einrichten, mit Profilfoto, Markenclaim sowie einem kurzen Profiltext zu dir und deinen Angeboten. Damit kannst du dann Netzwerke mit bis zu dreißigtausend direkten Verbindungen aufbauen. Das ist weit mehr als bei anderen Social Media. Diese Kontakte lassen sich dann ziemlich fein filtern, etwa nach Branche oder Fachrichtung oder Standort. Mit den anderen Usern kannst du dich dann zu deinen Themen vernetzen, substanzielle fachliche Diskussionen führen, Wissen, Ideen und Jobangebote austauschen. LinkedIn bietet auch viele Möglichkeiten zum Posten – von kürzeren oder langen Artikeln über Bilder und Infografiken bis zu Livestreams. Deinen Content kannst du dabei in thematisch sortierte Gruppen leiten, sodass er gleich bei genau den richtigen Adressaten ankommt. Ein Profil bei LinkedIn bringt dich – wie auch Profile bei anderen Social Media – bei Suchanfragen über Google schnell auf die vorderen Plätze. Das gilt natürlich vor allem dann, wenn Nutzer direkt deinen Namen googeln. Damit ist LinkedIn eine gute Möglichkeit, Nutzern ohne Umwege deine strategisch gestaltete Personal Brand zu präsentieren.

## Clubhouse App

Hin und wieder gibt es auch echte Überraschungen auf dem Social-Media-Markt, wie das Sprach-Netzwerk »Clubhouse« eindrucksvoll bewies. Fast ohne Vorwarnung tauchte die App Anfang 2021 in Deutschland auf, und von der Influencerin Caro Daur bis zu Christian Lindner hatte sich über Nacht alles mit Rang und Namen angemeldet und in »Rooms« vernetzt. Dass man eine Einladung von bestehenden Nutzern brauchte, gab der App einen besonderen, exklusiven Charakter.

Da man in der Voice-Only-App die Stimmen anderer Teilnehmer live am Ohr hat, entsteht das Gefühl der Wärme und Verbundenheit. Aufzeichnungen sind nicht erlaubt, was Vertrauen schafft und für FOMO sorgt. Für Macher:innen bieten die Diskussionen, die direkte Partizipation und das Live-Podcast-Feeling viel Potenzial, um sich zu positionieren und Themen zu besetzen. Dabei hilft der Drop-in-Charakter: auch ohne große Followerbase kann man sich spontan in Panels einbringen – und da es ausschließlich Ton und kein Bild gibt, muss man dabei nicht einmal groß auf Haare und Make-up achten.

Vor allem zeigt das Beispiel aber auch, welche Chancen auch außerhalb der bereits bekannteren Kanäle wie Facebook & Co. stecken. Man kann auf Clubhouse unkompliziert für seine Themen Räume einrichten, Leute, mit denen man sich vernetzen möchte – wie Journalisten oder Investoren –, zu Talkrunden einladen, Co-Moderatoren auswählen und regelmäßige Formate oder Clubs etablieren. Wer also Augen und Ohren offen hat und mit dabei ist, wenn junge Soziale Netzwerke Aufregung generieren, kann sich mithilfe einer guten Personal-Branding-Grundlage dort als Expert:in etablieren – auch jenseits von kurzfristigen Hypes.

# 6.12 Wie baue ich meine Online-Medienkanäle auf?

Kennst du das unbefriedigende Gefühl, wenn du auf einer leeren Internetseite ohne jeden Content landest oder auf einem leeren Profil, vielleicht sogar ohne Bild und Namen? Es ist ein bisschen, als laufe man gegen eine Wand. Full Stop. Ein leeres, inhaltsarmes Profil zum Beispiel bei LinkedIn hinterlässt nicht nur mehr neue Fragen, als es beantwortet. Es macht auch einen schlechten Eindruck. Damit genau das nicht passiert, bereitest du den ersten Content auf deinen Online-Medienkanälen vor, bevor du Follower, Nutzer, Zuschauer oder Leser ansprichst. Schritt für Schritt. Wer dann auf deinen Seiten in Sozialen Medien oder im Netz landet, soll sich vorstellen können, ob er oder sie mit dir arbeiten kann oder nicht. Deine Web-Präsenzen müssen ein dreidimensionales Bild von dir und deinen Fähigkeiten vermitteln. Und der erste Schritt dafür ist ein gutes Profilfoto. Nicht umsonst heißt es:

Ein Bild sagt mehr als tausend Worte.

Personal Branding lebt von starken Bilderwelten. Und Bilder, ob nun bewegt oder nicht bewegt, sind für das menschliche Gehirn sehr viel einfacher und direkter zu verarbeiten als geschriebene Texte. Sie bleiben auch stärker in der Erinnerung hängen. Dein Profilfoto ist für viele Menschen der erste optische Eindruck von dir. Und der muss sitzen. So sollte das Bild wiedergeben, was du anbietest und wen du ansprichst – bis hin zum Bildhintergrund oder zu dem Requisiten, die darin auftauchen. Du möchtest dich als Vortragsredner profilieren? Dann wähle ein Bild von dir auf einer Bühne oder an einem Vortragspult. Oder bietest du gruppendynamische Coachings an? Dann zeige dich als Moderator in einem lebhaft diskutierenden Kreis. Deine Kunden kommen aus einer Schlips-und-Kragen-Branche? Dann solltest du so etwas auch selber auf deinem Porträtbild tragen. Du bist Grafikdesigner? Dann dürfen es ruhig auch buntere Anziehsachen sein, selbst wenn der schwarze Rollkragenpullover als Klassiker aller Kreativbranchen natürlich nie verschwinden wird. In jedem Fall: kein Duckface, keine Drinks und vor allem auf den vorrangig beruflich genutzten Social Media LinkedIn und XING eher keine privaten Bilder.

Ein Urlaubsschnappschuss von dir unterm Sonnenschirm am Strand als Profilfoto kommt nicht gut an, wenn jemand dein Profil ansieht, dem du gerade als Expertin für Change Management empfohlen wurdest. Das Foto muss professionell aussehen. Und damit meine ich nicht nur dich auf dem Bild. Sondern auch das Bild selber. Es sollte dich erkennbar und in realistischen Situationen zeigen und nicht rüberkommen wie ein Stock Foto. Nimm darum ein bisschen Geld in die Hand und buche einen guten Fotografen. Das rentiert sich, weil du ein gutes Profilbild ohnehin durchgängig auf allen Medienkanälen verwenden solltest, von den Online-Plattformen bis zu gedruckten Medien.

So wirst du wiedererkennbar.

Als Nächstes schreibst du eine kurze Selbstbeschreibung von dir in der dritten Person. Aber bleibe dabei knapp und präzise! Kolumnen wie »Ich suche« und »Ich biete« sind gute Orte, um dich und deine Stärken mit ein paar originellen und treffenden Aussagen zu positionieren. Wenn du etwas mehr Platz hast, sind 3×3-Kurzvorstellungen ratsam – drei Absätze mit jeweils maximal drei Sätzen:

Erstens: Wer bist du, wofür stehst du, wie erledigst du deine Arbeit, was treibt dich an? Dafür wirfst du einfach noch mal einen Blick auf dein Markenversprechen, das du aus deinen Unique Communication Point mit deinem Was, Wie und Warum generiert hast. Das ist schon mal dein erster Absatz. Dabei betonst du, warum und auf welche Weise andere von dir und deinen Leistungen profitieren können, was du anders – und natürlich besser – machst als deine Wettbewerber und wofür du brennst.

Zweitens: Ein paar Hintergrundinfos zu dir und deinem Schaffen. So etwas wie: »Nach ihrer Ausbildung an ... gilt sie heute als eine der renommiertesten Expertinnen für ...« oder »Er hatte schon früh Erfolg als ...«.

Drittens: Und im letzten Absatz vielleicht noch drei Sätze zu dir privat. Das macht dich nahbar und dreidimensional. Also Sätze wie: »Er ist Vater von drei Kindern und leidenschaftlicher Alpinkletterer« oder »Sie liebt Siam-Katzen und Muay-Thai-Boxen«. Deine Zielgruppe soll sich ein gutes Bild von dir machen können. Und vergiss am Ende nicht deine Kontaktinfos! Am besten inklusive eines freundlichen Call-to-action à la: »Folgen Sie mir auf Twitter unter:« oder »Erfahrt mehr darüber auf meiner Webseite:« oder »Buchen Sie hier Ihren Termin für ein unverbindliches Beratungsgespräch:«. Das ist natürlich schon ein bisschen marktschreierisch. Aber es lässt Besucher eben nicht einfach von dannen ziehen.

Im Idealfall sorgst du beim Schreiben deines Profiltexts dafür, dass du online leicht von Suchmaschinen gefunden werden kannst und möglichst weit oben in den Ergebnissen rangierst, wenn jemand online nach deinen Themen gesucht hat. Dafür musst du auf deinen Online-Medienkanälen möglichst oft relevante Keywords verwenden. Das bedeutet, dass du möglichst elegant irgendwo in den Texten die meistgesuchte Begriffe und Begriffsverknüpfungen zu deinen Themen verstreust. Das ist sogenannte Suchmaschinenoptimierung oder auch Search Engine Optimization (SEO) – du optimierst deine Profile und Seiten für Suchmaschinen. Einen ersten Überblick darüber, welches die richtigen SEO-Keywords für dich sind, kannst du dir neben anderen mit dem Google Keyword Planner oder der App keywordtool.io verschaffen. Du bringst dann als Tätigkeit beispielsweise irgendwo den Begriff »Coach« unter, als dein Arbeitsfeld »Human Resources« oder »mittleres Management« und erwähnst dann auch noch deine Branche, also etwa »erneuerbare Energien« oder »Automobilzulieferer«. Und am besten gibst du noch deine Ziele an, etwa »agile Produktion einführen« oder »Kosten senken«.

## 6.13 Und wie verknüpfe ich schließlich Medienkanäle und Direktkontakte?

Die Dutch East India Company oder auf Niederländisch auch Vereenigde Oostindische Compagnie (VOC) war einer der ersten globalen Handelskonzerne. Von ihrem Hauptsitz in Amsterdam aus schickte sie ab dem frühen 17. Jahrhundert ihre Schiffe über Südafrika, Indien und Bangladesch bis nach Indonesien und Japan. Auf ihren Handelsgütern, Dokumenten und sogar auf ihren Schiffskanonen prangte stets ihr Logo, ein großes V mit kleinem o und kleinem c an seinen Seiten. Dasselbe Logo, immer und überall. Mit ihrer omnipräsenten Kennzeichnung auf allen ihren Gegenständen war die VOC ein Pionier beim Thema Corporate Identity. Darunter versteht man die Gesamtheit aller Merkmale, die ein Unternehmen kennzeichnet, vom Design der Produkte über die Kleidung der Mitarbeiter:innen bis zur Wortwahl in Texten. Und so, wie die VOC ihre Corporate Identity durch Konsequenz und Konsistenz bekannt gemacht hat, solltest auch du konsequent und konsistent sein, wenn du nun all deine Medienkanäle und Direktkontakte miteinander verknüpfst. Du entwirfst eine Strategie, mit der du sämtliche Kanäle aufeinander abstimmst. Damit dein gesamter Auftritt wie aus einem Guss wirkt.

Was das heißt? Als Allererstes, dass du deine Personal Brand immer und überall unter demselben Namen präsentierst. Auf allen verfügbaren Kanälen. Egal, ob du dich auf der Bühne bei einem Fachkongress präsentierst, ob du das Firmenschild an deinem Bürogebäude beschriftest, ob du Visitenkarten drucken lässt oder Social-Media-Profile einrichtest: Verwende immer denselben Namen in derselben Schreibweise! Und natürlich, ganz wie die VOC, immer dasselbe Logo beziehungsweise zumindest denselben Schriftsatz. Du solltest also nicht deinen Markennamen als Logo mal ausschreiben, mal abkürzen, ihn mal großschreiben und mal klein.

Deine Brand wird stark, wenn du konsequent bist.

*Inhalt und*

*Verpackung müssen*

*zueinander passen.*

Dabei lässt du alle Medienkanäle und, soweit das möglich ist, Direktkontakte aufeinander verweisen. Also: Auf dem Schlussbild deiner Präsentation steht die Adresse deiner Webseite. Während deines Vortrags erwähnst du den Experten-Kommentar, den du gerade in einem Fachmagazin veröffentlicht hast. Nach deinem Auftritt verkaufst du dein Buch. In deinem Buch stehen deine Kontaktdaten. Auf deinen Online-Medienkanälen kündigst du deine Liveauftritte an. Und so weiter. Auf diese Weise webst du quasi ein Netz zum Fangen neuer Aufträge, Kunden, Jobs. Natürlich müssen die Medienkanäle dabei auch dem Eindruck entsprechen, der sich bei Direktkontakten ergibt. Du gibst dich also nicht in Medien seriös in Schwarz und Grautönen, bist aber im echten Leben ein bunter Hund mit Hawaiihemd und roter Brille. Oder umgekehrt.

Erst wenn beide Kanäle miteinander verzahnt und aufeinander abgestimmt sind, wird das Bild deiner Marke deutlich und klar. So ergibt sich ein schlüssiges und stimmiges Gesamtbild für deine Personal Brand. Das deine Zielgruppe inhaltlich überzeugt – und sie zugleich emotional anspricht.

## 6.14 Welche Fragen hat Tilo Bonow jetzt an mich?

Als Anregung, damit du den Aufbau deiner Kanäle noch mal in Ruhe rekapitulieren und dann gezielt angehen kannst, habe ich wieder einige Fragen an dich als Leser oder Leserin. Auch die Antworten auf diese Fragen solltest du dir als Stichworte aufschreiben. Dadurch erstellst du bereits einen Schritt-für-Schritt-Plan:

- Welche Kanäle nutzt deine Zielgruppe?
- Welche Kanäle passen zu deinem Thema?
- Welche Kanäle sind also die richtigen für deine Personal Brand?
- Inwiefern wirst du deine Personal Brand über Direktkontakte vermitteln, welche Bedeutung werden Medienkanäle haben?
- Welchen Eindruck vermittelst du im direkten Kontakt, bevor du etwas gesagt hast, über Kleidung, Frisur, Körperhaltung, Gestik und Mimik?

- Welchen Eindruck hinterlässt du dann, wenn du sprichst, über Rhetorik, Wortwahl, Stimmlage oder Sprechtempo?
- Wie kannst du deine Zielgruppe über Online-Medienkanäle ansprechen?
- Was findet sich über dich aktuell online, und wie gut passt dieser Content zu deiner künftigen Personal Brand?
- Solltest du Maßnahmen ergreifen, um den aktuellen Content online zu löschen oder zu überschreiben?
- Wie sehen deine E-Mails aus?
- Brauchst du einen Newsletter, eine eigene Webseite, einen Blog, einen Podcast?
- Welche Social Media wirst du nutzen?
- Hast du ein anständiges Profilbild?
- Wie genau wirst du Direktkontakte und Medienkanäle zu einem stimmigen Ganzen verknüpfen?

Wenn du diese Schritte gegangen bist, steht nicht nur die Positionierung deiner Personal Brand, sondern es stehen auch die ersten Strukturen. Deine Verpackung. Allerdings ist sie noch leer. Wir werden sie darum jetzt füllen.

# 7.
# Füllen – wie du konsistent deine Botschaft vermittelst

Stell dir mal einen bunt geschminkten Clown vor, der am offenen Grab deines geliebten verstorbenen Onkels eine herzzerreißende Trauerrede hält. Oder, das ist vielleicht etwas realistischer, einen Finanzverwalter, der im Family Office einer wohlhabenden Unternehmerfamilie in solide Anlagen investiert – und auf LinkedIn ausschließlich Bilder von sich halb nackt auf Schaumpartys postet. Klingt schräg, oder? Inneres und Äußeres, Job und Selbstdarstellung passen nicht zusammen. Nur wenn deine Verpackung und dein Inhalt aufeinander abgestimmt sind, ergibt sich eine Personal Brand aus einem Guss. Beides muss dieselbe Botschaft überbringen. Dieselbe Grundhaltung vermitteln. Im Zusammenspiel ein schlüssiges Produkt ergeben. Konsistent sein.

Deine Verpackung hast du entworfen und erstellt. Es sind deine Medienkanäle und Direktkontakte, die du aufgebaut hast und die aufeinander verweisen und miteinander verbunden sind. Über diese Kanäle kannst du deiner Zielgruppe zeigen, dass du glaubwürdig bist, kredibel. Sie sind der Weg zu deinem Inhalt. Fehlt noch der Inhalt selber, mit dem du deine Stärken vermitteln kannst. Diesen Inhalt stellen wir nun zusammen und füllen ihn in deine Kanäle – von ersten vorsichtigen Likes und Kommentaren über Blogposts und sonstige Texte, mit denen du deine Personal Brand zu deiner Zielgruppe bringst, bis zum kompletten Storytelling deiner Marke. Aber was kommt als Content für deine Kanäle infrage? Und was passt nicht zu deiner Personal Brand? Diese Frage ist ziemlich leicht zu klären. Die Grundlage für alle deine Inhalte bildet dein Unique Communication Point mit deinem Was, Wie und Warum. Das ist die Kernbotschaft. Und jeder Inhalt, den du über einen deiner Kanäle ausspielst, muss diese Kernbotschaft in irgendeiner Form transportieren. Er muss damit konsistent sein. Er darf deinem Unique Communication Point also nicht widersprechen, sondern muss ihn wiedergeben und widerspiegeln.

Bevor wir allerdings wirklich loslegen können mit den Inhalten, steht noch ein Punkt auf der Tagesordnung, der von diesen Inhalten nicht zu trennen ist. Du solltest ihn parallel mit dem Erstellen der Inhalte abhaken. Es geht um die Frage: Wem genau willst du deine Inhalte eigentlich vermitteln? Schon klar: deiner Zielgruppe. Über die haben wir uns ja bereits Gedanken gemacht. Wer

Teil davon ist und wer nicht. Wen du ansprechen willst, wen nicht. Aber die Frage war anders gemeint. Sie soll dich anleiten zum Schritt von den eher abstrakten Gedanken über deine Zielgruppe hin zu echten, lebendigen Vertreterinnen und Vertretern dieser Zielgruppe. Wem willst du deine Inhalte vermitteln? Einer mehr oder minder großen Gruppe von echten Menschen, die du mit deinen Medienkanälen und Direktkontakten ansprichst. Real existierende Follower, Partner, potenzielle Kunden. Konkrete Kontakte. Wir nennen sie: dein Netzwerk.

## 7.1 Wie profitiere ich von meinem Netzwerk?

Egal, wie detailliert und ausgefeilt auch immer du sie definiert hast: Du kommunizierst nicht mit einer Zielgruppe. Das ist ein abstrakter Begriff, der uns geholfen hat, deine Positionierung zu finden. Sondern du sprichst mit echten, lebenden Menschen. Das ist das Credo dieses gesamten Buchs: Menschen sprechen mit Menschen. Und die wieder mit anderen Menschen. Wenn es gut läuft: über dich und deine Arbeit. Dafür musst du zuallererst mal einen guten Job machen. Hervorragende Dienstleistungen, qualitativ hochwertige Produkte, kreative Lösungen. Einfach ein unwiderstehliches Angebot abliefern. Dann sorgst du über deine Medienkanäle und Direktkontakte dafür, dass andere Menschen von deiner guten Arbeit erfahren. Und dass sie wiederum anderen von dir erzählen, von deinen Produkten oder Dienstleistungen, von deiner Personal Brand. Du hinterlässt also einen top Eindruck. Und wirst daraufhin weiterempfohlen. Von Kunden, Geschäftspartnern, Auftraggebern oder Kollegen. Du wirst nicht von einer anonymen und abstrakten Zielgruppe empfohlen, sondern immer von einzelnen Menschen, die mit dir die richtigen Vorstellungen verbinden.

Mit Weiterempfehlungen, die sich ausbreiten wie die konzentrischen Kreise, nachdem du einen Stein ins Wasser geworfen hast, steigt nicht nur deine schiere Reichweite. Solche Mundpropaganda ist auch noch effektiver, glaubhafter und überzeugender als jede Eigenwerbung. Es ist wie beim Einkauf im

*Dein Netzwerk ist eine Community rund um dich selbst.*

Supermarkt: Eine neue Sorte Pasta, die dir eine Bekannte empfohlen hat, wird beim nächsten Mal mit sehr viel größerer Wahrscheinlichkeit in deinem Einkaufskorb liegen als die Packung einer Pasta-Marke, die dir Werbeclips und Reklame im Briefkasten einbläuen wollten. Denn so treffen wir mit Informationen überfluteten Menschen heute Entscheidungen: über Empfehlungen. Wer hat nicht schon mal im Kreis der realen oder virtuellen Freunde rumgefragt, ob jemand zum Beispiel einen guten Zahnarzt oder Fahrradladen empfehlen kann. Es hat heute kaum jemand mehr die Zeit, zu solchen Ansprechpartnern über lange Jahre Beziehungen aufzubauen – dafür ziehen viele Berufstätige auch zu häufig um. Umso wichtiger sind Empfehlungen. Sie vereinfachen das Chaos und den Info-Overload des modernen Lebens. Wenn Menschen also anderen Menschen erzählen, dass du kompetent und vertrauenswürdig bist, dann ist das die beste Werbung, die du dir vorstellen kannst. Sie bringt dir mehr Kontakte, Beliebtheit, Aufträge, Absatz, Umsatz, Einkommen.

Ein echter Buzz-Verstärker.

Der Startpunkt für diesen Buzz ist das Netzwerk aus konkreten, spezifischen Menschen, mit denen du direkt oder über Medienkanäle in Kontakt stehst. Jetzt musst du nur noch sicherstellen, dass dein Netzwerk die richtigen Geschichten über dich hört. Deine Geschichten.

# Deine Personal Brand
# als Zusammenspiel dreier Faktoren

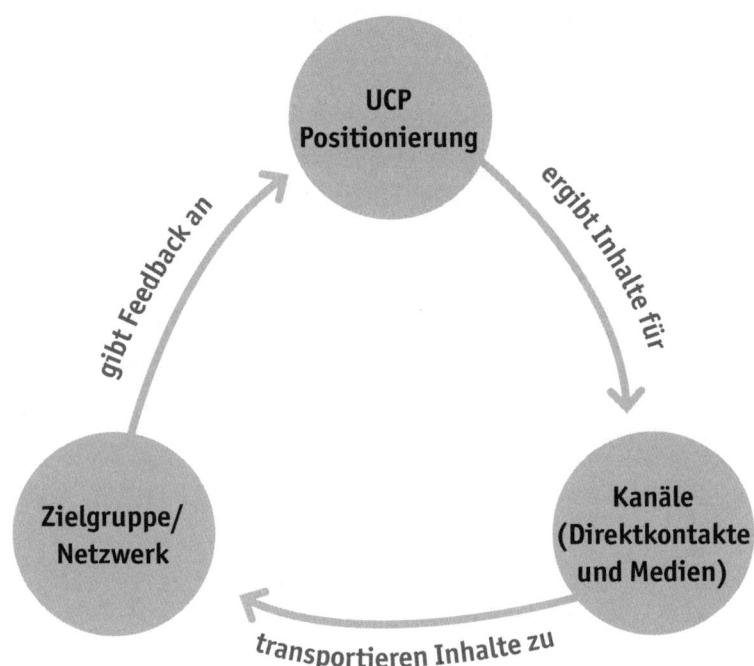

## 7.2 Wie finde ich mein Netzwerk?

Du hast dir Gedanken über dein Outfit und deine Körpersprache bei Auftritten gemacht, über deine gesprochene Sprache und dein Erscheinungsbild bei direkten Begegnungen mit dir. Du hast deine Medienkanäle zumindest schon mal mit einem professionellen Porträtfoto und ein paar biografischen Infos vorbereitet. Und vielleicht sogar Visitenkarten drucken lassen, ganz die alte Schule. Jetzt ist es an der Zeit, dass du Menschen ansprichst. Mit ihnen Kontakt aufnimmst, dich bei ihnen bekannt machst. Sie einlädst, auf deine Seiten, zu deinen Veranstaltungen. Aber wen sprichst du an? Du beginnst an der Spitze: Die Besten, die Wichtigsten, die Profiliertesten sind deine ersten Ansprechpartner. Und die kontaktierst du am schnellsten und einfachsten über digitale Medienkanäle, insbesondere über Social Media. Mit Diensten wie Klear oder BuzzSumo kannst du zunächst mal die Top-Influencer und Autoren der meistgelesenen Artikel und Blogs auf deinem Fachgebiet ausfindig machen. Manche dieser Dienste sind gebührenpflichtig. Je nach deiner Branche kann sich das aber lohnen. Solltest du diese Investition erst mal noch scheuen, dann kannst du auch Google Alerts nutzen, das dich kostenlos auf neue Veröffentlichungen zu deinem Thema aufmerksam macht. Allerdings musst du dir dann selber ein Ranking der wichtigsten Personen erstellen.

# Case 8 – meine Erfahrungswerte

## Google Alerts

Ich rate meinen Kunden gern dazu, zum Einstieg ruhig erst mal Google Alerts zu nutzen. Der Dienst ist kostenlos und eignet sich gut für einen ersten Überblick über online erschienene Berichte. Du kannst damit auch leicht Konkurrenten oder Vorbilder tracken. Und dafür auch mehrere Alerts zu verschiedenen Begriffen setzen. Google Alerts schickt dir auf Wunsch unverzüglich, einmal täglich oder einmal wöchentlich per Mail ein Update über gefundene Suchbegriffe. So bleibst du up-to-date, bekommst mit, was Kunden wollen und worüber deine Branche diskutiert, und du beobachtest, wo über dich gesprochen wird und wie dein Thema ankommt.

Mein Tipp: Sei präzise bei der Formulierung deiner Alerts! Je generischer der Begriff, zum Beispiel »Consumer Electronics«, desto mehr Ergebnisse bekommst du – und desto leichter verlierst du den Überblick.

Auch wenn Social Media vermutlich die ergiebigste Informationsquelle für mögliche Ansprechpartner ist, konzentrierst du dich nicht nur darauf. Sondern du scannst auch alle anderen verfügbaren Quellen. Suchst also in Fachmagazinen, Tageszeitungen und Publikumszeitschriften, gedruckt und digital, nach guten Autoren oder interviewten Experten. Gehst Teilnehmerverzeichnisse von Konferenzen durch. Schaust dir die Namen von Keynote-Rednern und Panel-Gästen an. Lässt dir eventuell von Kollegen oder Kunden profilierte Fachleute empfehlen. Und so weiter. Du scannst alle Quellen, die dir einfallen. Notierst alle Namen, die dir auffallen. Und erstellst daraus deine eigene Liste. Es ist hilfreich und effizient, wenn du hier strukturiert vorgehst. Als Einzelkämpfer, etwa als Freelancer oder Coach, wirst du diese Arbeit selber stemmen müssen. Wenn du aber ein Team hast, dann kannst du natürlich auch Mitarbeiterinnen und Mitarbeiter darum bitten, es delegieren und budgetieren. In jedem Fall hältst du die Liste, die daraus resultiert, erst mal noch eher kurz und knapp. Sie ist gut selektiert, strategisch zusammengestellt, aktiv kuratiert. Darauf stehen erst mal nur ausgewählte Ansprechpartner. Die Besten. Später wirst du sie schrittweise erweitern, aber auch mal wieder Namen streichen, wenn sie sich als ungeeignet erweisen.

Diese Liste ist die Keimzelle deines Netzwerks.

## 7.3 Wie kontaktiere ich mein Netzwerk?

Ist während deiner Schulzeit vielleicht mal wie aus dem Nichts ein Zettel auf deinem Tisch gelandet? Darauf mit Kinderhandschrift gekrakelt:

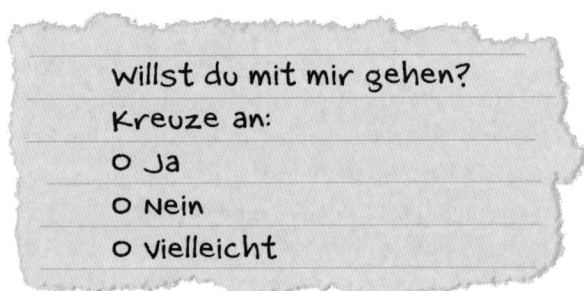

Willst du mit mir gehen?
Kreuze an:
o Ja
o Nein
o Vielleicht

Wenn du nicht vorher schon genau wusstest, von wem dieser Zettel stammt, warst du vermutlich etwas überrumpelt. Und hast darum wohl eher »Vielleicht« angekreuzt oder sogar abgelehnt. So blöd kann es im schlechtesten Fall auch laufen, wenn du die künftigen Mitglieder deines Netzwerks aus dem Nichts heraus kontaktierst. Darum gehst du vorsichtig vor, langsam. Am leichtesten hast du es bei Menschen, die dich schon kennen. Oder denen dich wenigstens jemand empfehlen kann. Du überlegst darum erst mal, ob du einen direkten Kontakt zu einem der Namen von deiner Liste hast oder ob du zumindest jemanden kennst, der jemanden kennt, der jemanden kennt. Diese Menschen kannst du jetzt, wenn nötig mit einer Empfehlung im Rücken, kontaktieren. Ob Live-Kontaktaufnahmen wie Telefonate oder gar Besuche an dieser Stelle schon ratsam sind, hängt von deinem Metier und deiner Personal Brand ab. Ich würde so etwas erst mal noch lassen, denn die Wahrscheinlichkeit, dass du auf diese Weise mit der Tür ins Haus fällst, ist groß. Aber zum Beispiel eine freundliche Vorstellung per E-Mail oder eine irgendwie begründete Freundschaftsanfrage beziehungsweise ein Folgen per Social Media sind ziemlich sicher in Ordnung.

*Wenn es keinen Anknüpfungspunkt gibt, dann schaffe dir einen.*

Du kannst dich unter anderem in den relevanten offenen und geschlossenen Themengruppen auf Social Media, in denen auch deine potenziellen Netzwerk-Mitglieder zu finden sind, anmelden oder dich dort bewerben. Du folgst den Opinion Leaders deiner Liste auf Twitter. Je nach Thema und Zahl ihrer Follower werden sie dir häufig ebenfalls folgen – und schon hast du ein Mitglied mehr in deinem Netzwerk. Du likest, sharest und retweetest deren Beiträge. Mit Kommentaren hältst du dich erst mal noch zurück. Aber auch schon über die anderen Social-Media-Interaktionen werden sie auf dich aufmerksam, sodass ihr euch verknüpfen könnt. Nach diesen ersten Interaktionen lehnst du dich erst mal wieder zurück. Du verfolgst mit, beobachtest und lernst. Du ziehst also nicht direkt vom Leder und stürzt dich etwa Hals über Kopf in Debatten, bei denen du noch keinen Überblick über die Fronten hast. Wer vertritt hier welche Meinung? Wer ist dafür, wer dagegen? Wer bildet die Mehrheit? Wer gehört zu den Meinungsführern, wer ist Querulant, wer Everybody's Darling? Und worüber reden die? Wenn du gut ankommen möchtest, lässt du erst mal die anderen zu Wort kommen – schon allein um herauszufinden, was die anderen bewegt und was du selber dazu beitragen könntest.

Social Listening kommt vor Social Interaction.

So, und jetzt willst du dich aber auch endlich zum ersten Mal äußern. Du folgst Diskussionen, zu denen du etwas Substanzielles beitragen könntest. Dein Fachwissen und deine Erfahrung brennen dir unter den Nägeln. Aber wie sagst du, was du zu sagen hast? Der deutsche Journalist und Schriftsteller Kurt Tucholsky hat 1922 (unter seinem Pseudonym Ignaz Wrobel) geschrieben: »Wer auf andere Leute wirken will, der muss erst einmal in ihrer Sprache mit ihnen reden.« Du nutzt also in der Kommunikation die angemessene Fachsprache, den passenden Slang. Benutzt die treffenden Fachworte und Abkürzungen, die dich als Kennerin der Materie ausweisen. Du nutzt die Codes in der Kommunikation. Und du findest heraus, welche Regeln hier herrschen, nach welchen Gesetzmäßigkeiten die Gespräche ablaufen, was akzeptierte Umgangsformen sind. Ist die Diskussion eher formell oder jovial? Benutzen die anderen auch mal Schimpfworte? Ist es okay, wenn man sich gegenseitig auch mal hopsnimmt?

So langsam kommst du ins Gespräch.

Ein guter Einstieg ist es zum Beispiel, dass du andere Beiträge kommentierst oder dich bei einer Fachdiskussion einbringst. Natürlich nur, wenn du erstens wirklich Ahnung vom Thema hast. Wenn du dir zweitens inhaltlich zu hundert Prozent sicher bist mit deiner Aussage. Und wenn du drittens deine Argumentation gut durchdacht hast. Du hast also einen sinnvollen Beitrag zu einer Debatte auf der Zunge? Und den möchtest du nun unter den aktuellen Post eines berühmten Bloggers mit großer Reichweite bei deiner Zielgruppe setzen? Andere Kontakte von ihm äußern sich schon? Jetzt lohnt es sich, dass du dich ein bisschen ranhältst. Denn nur so tauchst du in den Kommentaren möglichst weit oben auf. Damit werden dich alle folgenden Leserinnen und Leser sehr gut wahrnehmen. Und schon erhältst du kostenlos Reichweite in deiner Zielgruppe. Und dann? Dann geht es weiter wie bei einem gut laufenden Gespräch: Du sagst etwas – und wartest daraufhin erst mal ab, was deine Gegenüber dazu sagen.

Wenn du unablässig auf Sendung bist, wirst du nie erfahren, was deine Gesprächspartner denken.

Sie fragen dich möglicherweise etwas. Solche Fragen beantwortest du so schnell wie möglich. Für Lob kannst du dich direkt bedanken, zu kritischen Kommentaren nimmst du zügig Stellung. Wenn jemand Content an dich weiterleitet, also vielleicht ein PDF oder einen Link mit weiteren Informationen, dann solltest du das dankend annehmen. Und deinerseits Content zurückschicken, wenn du passenden parat hast.

Bleibe aktiv, interaktiv und reaktiv.

Weil die Algorithmen vieler Social Media analysieren, wer wie oft mit wem interagiert, rutschst du durch viele Kommentare, Shares und Likes automatisch in den Timelines deines Netzwerks nach oben. Damit sehen wiederum mehr Menschen aus deiner Zielgruppe deine Beiträge. Und melden sich im

Idealfall mit Kommentaren, Fragen oder auch einfach Likes bei dir. Diese Interaktionen kannst du nun immer verknüpfen mit Kontaktaufnahmen und Freundschaftsanfragen deinerseits.

Dein Netzwerk wächst.

Und das natürlich nicht nur online. Denn es lohnt sich, parallel dazu auch offline Kontakte zu potenziellen Netzwerk-Mitgliedern zu knüpfen. Du triffst sie, oder du schaffst Möglichkeiten, sie zu treffen. Nach intensiven Online-Kontakten wie etwa einer lebhaften Fachdiskussion kannst du es auch mal wagen, dich mit anderen auf ein Business Lunch zu verabreden. Je nach Branche, in der du aktiv bist, bieten sich auch klassische Netzwerktreffen an, beispielsweise die Jahreshauptversammlung deines Branchenverbands, der monatliche Business Brunch deines örtlichen Rotary-Clubs oder das Get-together nach der Fachkonferenz, bei der einer der Influencer aus deinem Bereich eine Präsentation gehalten hat. Den sprichst du hinterher an, ob er kurz einen Kaffee mit dir trinken möchte. Und natürlich netzwerkst du auch bei eher informellen Treffen. Du meldest dich etwa im selben Golf- oder Tennisklub an wie viele andere, die in deiner Branche aktiv sind. Du lässt dich blicken bei öffentlichen Veranstaltungen wie Charity Events oder Galerieeröffnungen, wenn du weißt, dass du da die Richtigen triffst. Informelles und formelles Networking, reales und virtuelles, spontanes und geplantes – du nutzt alle Formen, um andere in dein Netzwerk einzuladen.

Und wieder behältst du auch deine Wettbewerber im Auge. Such dir die Stärksten, Besten unter ihnen heraus. Natürlich grenzt du dich auf der einen Seite scharf und klar von denen ab. Aber zugleich verlinkst du dich auch mit ihnen. Likest ihre Posts, wenn du es inhaltlich vertreten kannst. Kommentierst ihre Beiträge sachlich und auch mal lobend. Lerne von ihnen. Weil du da auch hinmöchtest, wo sie jetzt sind. Oder weil du genau da auf keinen Fall hinmöchtest. Je nachdem.

## 7.4 Wie fange ich an, Inhalte zu teilen?

Jetzt hast du schon ein paar Kontakte in deinem Netzwerk. Und bei denen möchtest du nun auch mal mehr von dir hören lassen als nur Likes und Kommentare. Du willst langsam anfangen, auf deinen Online-Medienkanälen selber Content zur Verfügung zu stellen, um deine Personal Brand besser erfahrbar zu machen. Als leichter Einstieg dazu bietet es sich an, dass du erst mal fremde Inhalte mit einer eigenen Einordnung versiehst und teilst. Also den spitzenmäßigen Podcast, den du letztens auf LinkedIn gefunden hast, oder dieses Interview bei dem Online-Fachmagazin, das sehr gut auch deine Position wiedergibt. Hochwertigen fremden Content suchst du etwa mit dem Tool Feedly, einem Aggregator, der dir interessante Inhalte von Blogs, Nachrichten-Seiten oder Ähnlichem zusammenstellt. Diese Inhalte kannst du dann direkt teilen. Ähnliches geht über den Content-Hub Right Relevance, wo du deine Inhalte allerdings selber zusammensuchst. Dafür kannst du immerhin aus mehr als fünfzigtausend Themenfeldern mit Texten, Videos oder Diskussionsthreads auswählen. Solche Inhalte kannst du mit ein paar Zeilen zu deiner eigenen Sichtweise ergänzen und sie dann auf deinem Blog oder deinen Social-Media-Profilen posten. Das ist nicht nur der richtige vorsichtige Einstieg in dein Thema. Über Hashtags und Nametags kannst du auch wiederum die Autoren der geteilten Beiträge auf dich aufmerksam machen, sodass ihr euch vernetzen könnt.

Natürlich wählst du dafür nur solche Themen aus, bei denen du inhaltlich zu hundert Prozent sicher und kompetent bist. Sonst wird es schnell peinlich, und der (Image-)Schaden ist groß. Auch von Themen, die niemanden interessieren, außer vielleicht dich selber, und die möglicherweise in der Branche schon längst abgefrühstückt sind, lässt du die Finger.

Du hältst dich auf dem Laufenden.

Als Nächstes generierst du deinen ersten eigenen Content. Und wieder gehst du dabei langsam und planvoll vor. Du postest vielleicht erst mal ein Bild von dem großen Stapel Fachliteratur auf deinem Schreibtisch oder von deinem Ladenlokal, oder du verweist auf eine andernorts laufende Debatte. Schon hast du deinen ersten eigenen Post. Und dann suchst du dir deine ersten eigenen Themen. Das sollten möglichst exklusive Informationen sein, die du für relevant für dein Netzwerk hältst, oder sonstige Themenideen, die dir unter den Nägeln brennen. Du willst ja deinem Netzwerk zeigen, dass deine Personal Brand die aktuellen Diskussionen in deiner Branche oder in deinem Tätigkeitsfeld aufnimmt und widerspiegelt. Darum präsentierst du zum Beispiel aktuelle Zahlen und Fakten zu deinem Thema, die du gerade eben aus deinem Arbeitsumfeld bekommen hast. Oder du beziehst in einem kurzen Kommentar Stellung zu der Studie, die der Branchen-Fachverband veröffentlicht hat. Du kannst auch Key-Player für deine eigenen Plattformen interviewen. Das geht live in einem Chat, als Mitschnitt für einen Podcast oder aber als Frage-Antwort-Interview in Textform. So werden die großen Namen deines Fachs schon mal deinen Namen kennenlernen, während du deren Expertise auf deinen Plattformen präsentieren kannst. Selbst Quizrunden oder anderer interaktiver Content auf deinen Seiten oder Profilen sind denkbar.

Alle Beiträge versiehst du mit einem passenden Bild oder einer passenden Grafik (Vorsicht, dass du dabei keine Urheberrechte verletzt!). Veröffentlichungen mit Bildern bekommen wesentlich mehr Leser und Resonanz als bloße Texte. Und origineller neuer Content hält nicht nur dein Publikum bei der Stange und macht dein Know-how sichtbar. Er sorgt auch dafür, dass immer wieder neue Menschen von deiner Personal Brand erfahren. Schließlich bringt jeder neue Content wieder die Möglichkeit mit sich, dass ihn dein Netzwerk teilt und er dadurch wieder neues Publikum anspricht. Und hochwertiger Unique Content lässt deine Online-Medienkanäle im Ranking von Suchmaschinen nach oben schnellen. Was dir wieder neue Besucher und Follower beschert.

Aber schreibe jetzt nicht gleich von deinen ersten Erfolgen berauscht lange Riemen. Lange Texte lassen sich, gerade online, nur dann gut lesen, wenn sie wirklich gut geschrieben und aufgemacht sind. Eventuell solltest du dich erst später an lange Formate wagen. Halte dich erst mal kurz, überzeuge durch gute und nützliche Inhalte in knackiger Länge und mache deine Zielgruppe damit neugierig auf dich. Fange darum auch nicht an, im Publizierrausch womöglich vor allem Eigenlob über dich auszuschütten und einfach nur unreflektiert deine Meinungen und Ansichten abzuladen wie auf einer Texthalde. Und vermeide unter allen Umständen, dich einfach nur platt selber anzupreisen.

## 7.5 Soll ich beim Personal Branding nicht vor allem von mir erzählen?

Kennst du diese Gesprächssituationen, wenn du einem Gegenüber eine eigentlich kurze Frage stellst, und der (meistens sind es Männer) antwortet dann mit einem endlosen Monolog über sich selbst? Auf eine Gegenfrage wartest du vergebens. So kommt kein Gespräch zustande, das ja eigentlich immer ein ausgewogenes Hin und Her zwischen zwei oder mehreren Menschen ist, ein Geben und Nehmen, online wie offline. Fast kein Mensch ist für andere so interessant, dass diese anderen diesen Menschen unablässig nur über sich selber reden hören wollen. Das ist eigentlich eine simple, grundlegende Wahrheit – die aber trotzdem noch nicht zu vielen selbsterklärten Alphatieren durchgedrungen ist. Und während die sich gerade selbst beweihräuchern, verdrehen andere hinter ihnen die Augen oder wenden sich leise seufzend ab.

Also, auch wenn du dich selbst wirklich toll findest, bedenke: Du bist für andere eventuell erst mal nur halb so spannend, wie du dich findest. Das heißt nicht, dass du dich nicht für andere interessant machen kannst. Du sollst es sogar, denn das ist die Basis von Personal Branding. Aber du tust es eben nicht, indem du vor Kollegen, Geschäftspartnern, Freunden und sonstigen Kontakten nur über dich selbst und deine Meriten schwafelst. Das ist nicht

Personal Branding. Das wirkt eher wie eine verzweifelte Jagd nach Aufmerksamkeit und Anerkennung. Es hinterlässt eine Schneise der Totgelaberten. Es ist übrigens auch kontraproduktiv, wenn du dabei auch noch von dir selber als »Marke« sprichst. Damit hebst du den Vorhang und zeigst deinem Publikum dein Ziel – du entzauberst dich. So verjagst du nur irgendwann auch den letzten Wohlmeinenden. Eigenlob überzeugt niemanden.

Du musst so gut sein, dass andere dich anpreisen.

## 7.6 Wovon soll ich stattdessen erzählen?

Du weißt, was der Volksmund Vampiren nachsagt. Sie haben kein eigenes Blut mehr, darum trinken sie das von anderen. Denkst du also, dass dein Netzwerk vor allem dazu da ist, dich mit Infos, Aufträgen, Spaß, was auch immer zu versorgen? Denk noch mal nach. Verlässliche Beziehungen sind nie einseitig. Wenn du immer nur nimmst, aber nie gibst, dann werden mehr und mehr Menschen von dir denken, dass du ein kleiner Vampir bist, der nur ihre Informationen und Kontakte absaugt. Und von dem nie etwas zurückkommt. Sie werden ihre Verbindungen zu dir nach und nach kappen. Darum solltest du immer zuallererst darüber nachdenken, was du deinem Netzwerk geben kannst, bevor du irgendetwas von dort erwartest. Natürlich ist es wichtig, dass du die Initiative ergreifst, damit andere erfahren, was du tust und leistest. Aber das nur dezent und sachlich quasi durch die Hintertür, indem du zuallererst mal etwas für andere bietest. Die fragen sich nämlich bei jedem Kontakt mit dir: »What's in for me?«. Was habe ich davon? Jeder Kontakt mit dir muss deinem Netzwerk etwas bringen.

Deine Inhalte folgen den drei N: News, Nutzen, Nähe. Bleiben wir erst mal beim ersten N, den News. Neuigkeiten mit Nachrichtenwert sind der erste und offensichtlichste Punkt, mit dem du anderen etwas bieten und sie so für dich und deine Personal Brand interessieren kannst. Halte die Augen offen: Kommt in Fragen an dich oder in Posts von anderen immer wieder ein Thema

*Deine Inhalte folgen
den drei N:
News, Nutzen, Nähe.*

auf? Dann drückt an jener Stelle offensichtlich gerade vielen der Schuh. Oder hast du eine Connection für neue Infos aus deinem Arbeitsfeld, etwa noch unveröffentlichte Branchendaten, Details einer kommenden Gesetzesnovelle, fundierte Gerüchte über eine sich anbahnende Fusion? Das kann anderen helfen. Schon hast du dein nächstes Thema gefunden, von dem viele gern etwas lesen, hören oder sehen würden.

Damit kommen wir zum zweiten N, dem Nutzen. Wenn dein Netzwerk von dir profitieren soll, dann musst du ihm etwas geben. Dein Know-how. Aber, wirst du dich vielleicht fragen, ist das nicht dein wichtigster Asset? Sollte das also nicht bei dir bleiben, bis jemand dafür zahlt? An diesem Punkt scheiden sich die Geister: Es gibt die, die ihr Wissen für Geld anbieten, etwa Studien zum kostenpflichtigen Download, Artikel hinter Bezahlschranken, Fachmagazine gegen bezahlte Abos. Und die, die genau damit, also mit Studien und ähnlichen Inhalten, kostenlos in Vorleistung gehen – weil sie nämlich etwas viel Wertvolleres anzubieten haben, beispielsweise Beratungsdienstleistungen oder Coachings.

Ich bin ganz klar für Freigiebigkeit.

Je nach Branche sind doch fast alle Inhalte schon irgendwo auf der Welt in der einen oder anderen Form verfügbar. Worauf es ankommt, ist nicht das Sachwissen. Sondern deine spezielle Herangehensweise. Also, um beim Unique Communication Point zu bleiben, nicht so sehr dein Was. Sondern vielmehr dein Wie und dein Warum. Darum sind frei verfügbare Inhalte letztlich immer nur ein Anteasern, damit sich Menschen an dich persönlich wenden.

# Case 9 – meine Erfahrungswerte

## Die Journalist:innen-Liste von PIABO

Wir veröffentlichen bei PIABO jedes Jahr eine Liste mit den Journalistinnen und Journalisten, die am intensivsten über Start-ups schreiben. Da schlagen unsere Wettbewerber immer die Hände über dem Kopf zusammen. Das sei doch das Kern-Asset von Agenturen, die richtigen Medienleuten zu kennen! Wirklich? Die Menschen, die unsere Liste lesen, kennen hinterher vielleicht die Namen und die Medien. Aber sie haben noch nicht die Connections. Noch nicht das Vertrauen der Journalist:innen. Und kennen nicht unsere professionelle Herangehensweise und Kommunikationsstrategien. Die Liste demonstriert also vor allem, wer wir sind und was wir können. Darum ist sie eine gute Werbung für unsere Arbeit – aber wir büßen dadurch nichts ein. Außerdem ist sie ein eleganter Aufhänger, mit den Journalist:innen positiv in Kontakt zu treten.

Du lässt also hier mal etwas Experten-Know-how fallen, postest da mal ein paar Insider-Infos oder Kontakte, die anderen weiterhelfen. Zum Beispiel Lösungen für die Probleme und Bedürfnisse deines Netzwerks. Deine Arbeitsmethoden, praktische Tipps und Tricks aus deiner Branche, erfolgreiche Cases von dir, ein paar einfache Lifehacks. Du teilst dein Wissen. Natürlich nicht komplett. Aber doch so weit, dass du zeigen kannst, was du weißt und draufhast. Das demonstriert anderen, wie souverän und großzügig du bist. Wahrscheinlich, so vermuten die Leute, ist ja da, wo das herkommt, noch mehr und tieferes Fachwissen.

Wer als hilfsbereit und kompetent auffällt, zu dem kommen die Leute.

Bleibt noch das dritte N, die Nähe. Mit ausgewählten Inhalten kannst du deinem Netzwerk vermitteln, dass du ihm eng verbunden bist, fachlich, aber auch emotional. Das macht deine Personal Brand lebendiger und nahbarer. Diese Inhalte können Hintergrundberichte aus deinem Arbeitsalltag sein, etwa von deiner akribischen Vorbereitung vor einem Treffen mit anderen Experten. Ein Blick hinter die Kulissen quasi. Oder auch unterhaltsam vorgebrachte Informationen, also Infotainment, bei dem du Inhalte mit Unterhaltung mischst. Etwa wenn du Produktinformationen mit Anekdoten aufmischst. Oder aber du setzt zur Auflockerung zwischendurch auch mal ganz auf (branchenbezogene) Unterhaltung, vielleicht mit einem passenden Witz oder einem Cartoon. Und nicht zuletzt kannst du deine beruflich-fachliche Reise dokumentieren, also deine Annäherung an Themen, deine Gedanken in ihrer Entwicklung, aber auch mal deine Fragen und Zweifel. Verbunden mit wohldosierten Emotionen. Damit darf dir dein Netzwerk ganz nah auf dieser Reise folgen.

Achte bei all dem darauf, dass deine Inhalte konsistent bleiben, dass du also nicht jede Woche deine Position änderst und dann etwa deiner Position von der Woche zuvor widersprichst. Nur wenn du zu einem aufwühlenden Thema vielleicht mal einen Schnellschuss abgegeben hast, dann kannst du den später im Notfall gut begründet widerrufen: »Sorry, ich habe da noch mal drüber nachgedacht.« Das kann mal passieren – aber nicht ständig. Und du veröffentlichst nur solche Inhalte, die auch auf deine Marke einzahlen. Die also deckungsgleich sind mit deinem Unique Communication Point, mit deinem Was, Wie und Warum. Darum ist es so wichtig, dass du dir klar bist über deinen Unique Communication Point. Nur dann kannst du darauf variieren und improvisieren wie ein Jazzmusiker auf einer zugrunde liegenden Akkordfolge, die ihm eine solide Basis und ein wiedererkennbares Thema gibt. Du stellst dir einen Rahmen auf, in dem du dich dann vergleichsweise frei bewegen kannst.

## 7.7 Wie bringe ich das verständlich und nachvollziehbar rüber?

Manchmal gehört es zu unserer Arbeit in der Kommunikationsbranche, für unsere Kunden quasi zu übersetzen. Ich treffe in meinem Arbeitsalltag oft auf enorm spannende Menschen, die sehr tief in ihrem jeweiligen Fachgebiet stecken. Sie wissen wirklich alles darüber, bis ins kleinste Detail. Egal, ob es nun darum geht, unter welchen Bedingungen Krankenkassen die Kosten für die App eines Health-Start-ups übernehmen, oder um die Feinheiten von Blockchain-Technologie für eine Anwendung, an die vorher noch nie jemand gedacht hat. Aber diese Spezialistinnen und Spezialisten können dieses Fachwissen oft nicht in allgemein verständliche Sprache übersetzen. Das tun wir dann für sie. Denn schließlich wollen und sollen sie ja von anderen verstanden werden.

Auch für deine Kontakte mit deinem Netzwerk ist das oberste Ziel Verständlichkeit. Das ist ein Balanceakt, je nach Publikum. Wenn du mit anderen Experten kommunizierst, dann sollen die dich natürlich ernst nehmen. Du kannst und musst dann nicht jeden Fachbegriff übersetzen. Manchmal aber willst du ja auch breitere Schichten erreichen. Dann musst du allgemein verständlich werden. Du kannst Verständlichkeit üben: Stell dir vor, du würdest dein Thema einer bestimmten Person erzählen, die nicht wirklich Ahnung davon hat, es aber nachvollziehen können soll. Diese Person steht stellvertretend für deine Zielgruppe. Das ist eine gute Methode, wenn du deine LinkedIn-Artikel schreibst, deine Podcasts einsprichst oder deine Präsentationen erstellst. Damit du wirklich verstanden wirst, gestaltest du deine Inhalte so einfach wie möglich. Wenn deine Inhalte gut sind, wirkt das nicht platt. Im Gegenteil. Es ist ein weitverbreitetes Missverständnis, dass komplizierte, verschachtelte Sätze vermitteln, dass deine Inhalte besonders komplex und hochwertig sind. Schachtelsätze zeigen eher, dass du deine Inhalte und Gedanken zum Thema nicht so weit im Griff hast, dass du sie auch Laien verständlich machen kannst. In detaillierte und hochkomplexe Fachdiskussionen verstricken kannst du dich mit dem richtigen Ansprechpartner später immer noch. Aber auch der soll dich verstehen.

Dieselben Grundsätze gelten natürlich auch, wenn du auf Englisch schreiben solltest. Mit Texten in der Weltsprache erreichst du global gesehen mehr Menschen. Unter Umständen und je nachdem, welches dein Thema ist, kann das sinnvoll sein. Aber schreibe nur dann auf Englisch, wenn du dich sprachlich wirklich sicher fühlst. Ansonsten wirkt es schnell unprofessionell.

Egal, ob auf Deutsch oder auf Englisch, zum richtigen und verständlichen Schreiben gibt es eine Reihe guter Fachbücher (auch zu diesem Thema habe ich dir einige Bücher im Literaturverzeichnis notiert). Ich fasse hier darum nur kurz zusammen, worauf es beim Texten allgemein ankommt. Bevor du loslegst, musst du dein Thema recherchieren, also die Fakten aus seriösen und möglichst exklusiven Quellen zusammentragen. Über deinen Text gehört eine kurze, prägnante Überschrift. Der Text selber beginnt mit einem Einstieg beziehungsweise mit einem Aufhänger. Das ist je nach Textlänge ein erster Satz oder Absatz mit einer aufmerksamkeitserregenden Aussage oder einem überraschenden Gedankengang. Danach erwähnst du, worum es in dem Text eigentlich gehen soll, also deine These oder Kernaussage. Im Anschluss steigst du in das Thema ein und bringst Argumente oder Zahlen, die deinen Punkt untermauern. Alle paar Sätze machst du einen Absatz mit Zwischenüberschriften, die das Folgende in drei, vier Worten zusammenfassen. Das erhöht die Lesbarkeit enorm, vor allem auf Smartphones oder kleinen Tablets. Am Ende folgt ein Schluss, der deinen Text in irgendeiner Form abrundet, vielleicht mit einem Rückverweis auf den Einstieg oder einem Ausblick. Und wenn du fertig bist, checkst du die wichtigsten Zahlen, Daten, Fakten noch mal gegen.

»Das Konto für den Roll-out im Ausland ist bis zum Bersten gefüllt«, »Die Wettbewerber schießen wie Pilze aus dem Boden« – du schreibst anschaulicher, wenn du an passenden Stellen Redewendungen, Sprachbilder und treffende Vergleiche anbringst. Aber du vermeidest dabei Buzzword-Bingo, bei dem du unreflektiert einfach die aktuell modischen Schlagworte hintereinander reihst. Und du bist dir nicht zu schade, deinen Lesern in einem Nebensatz Angelegenheiten zu erklären, die sie möglicherweise nicht verstehen. Außerdem lockerst du deinen Text wo immer möglich auf – mit wörtlichen Zitaten von Experten, mit Anekdoten, Reverenzen auf Kultur und Wissenschaft oder Bezugnahmen auf aktuelle Ereignisse. Und, wenn es passt, auch mal mit deinen eigenen Erfahrungen. Solche persönliche Geschichten berühren deine Leser.

Was uns zur grammatischen Person bringt, in der du deine Geschichte erzählst. Auch bei Einzelkämpfern beliebt ist das »wir«, also die erste Person Plural. Aber wenn du als »wir« schreibst, obwohl du allein agierst, dann gaukelst du deiner Zielgruppe nur etwas vor. Was sie später sowieso herausfinden wird. Du machst dich größer, als du bist. Also vielleicht doch lieber sachlich-neutral »er« oder »sie«? Diese Form ist meiner Ansicht nach fast ebenso ungeeignet, weil sie distanziert und unpersönlich wirkt. Du versteckst dich dahinter. Aber es geht doch hier um *Personal* Branding, also um dich, deine Person, dein ganzes Wesen. Also sei auch persönlich, verbindlich und nahbar. Das schaffst du eigentlich nur, wenn du in der Ich-Form schreibst. Denn dann wissen Leserinnen und Leser, wer eigentlich spricht. Und dass du dich selber meinst. Sie fühlen sich angesprochen, abgeholt und wie in einem Gespräch mit dir. Weil nicht irgendein ferner »er« oder eine ferne »sie« ihnen eine Geschichte erzählt. Sondern du.

Deine Geschichte.

## 7.8 Ich soll also Geschichten erzählen?

Wenn unsere ersten Vorfahren am Lagerfeuer zusammensaßen, werden sie wohl eher nicht über einen Baum oder eine Landschaft miteinander geredet haben. Stattdessen haben sie sich ziemlich sicher Geschichten und Anekdoten mit Protagonisten erzählt: »Du glaubst es nicht, der So und so hat gestern hinter den Bergen mit einem Wahnsinnsspeerwurf diese große Antilope erlegt. Und sie dann auch noch allein nach Hause geschleppt.« Dass sich Menschen Geschichten über andere Menschen erzählen, ist etwas Ur-Menschliches. Schon immer haben Geschichten Emotionen geweckt, spielerisch Werte und Informationen vermittelt und Bindungen zwischen Menschen erzeugt. Und auch heute noch sind erzählte Geschichten eine Form, die jeden Menschen ganz tief drinnen in seinem Steinzeit-Hirn anspricht. Der moderne Homo sapiens liebt Geschichten. Er schaut sie sich im Kino oder auf Netflix an, er liest sie in Büchern oder E-Books, er hört sie im Radio oder mit den besten Freundinnen oder Freunden in der Kneipe oder zu Hause beim Dinner.

Das macht sich die Unternehmenskommunikation zunutze. Von der Bionade-Story mit dem Braumeister Dieter Leipold aus Unterfranken, der eine zuckerfreie Limonade vermisste, über Steve Jobs und sein Streben nach Funktionalität, Komfort und Eleganz bei Apple bis zum kometenhaften Aufstieg des genialen Erfinders Elon Musk, der mit Tesla das erste coole Elektroauto auf den Markt brachte – Kommunikationsprofis erzählen die Story der Menschen hinter den Produkten, um ebendiese Produkte interessanter zu machen. Der Warenhändler Manufactum versieht seine Produkte sogar mit detaillierten Geschichten über deren Entstehung, Herkunft und die Macher dahinter. Das steigert in den Augen der Kunden den Wert: Sie gehen davon aus, dass sie etwas ganz Besonderes gekauft haben. Und auch aus meiner Berufspraxis weiß ich, dass Informationen über Start-ups letztlich immer zwei Komponenten haben. Auf der einen Seite sind das die harten Zahlen, die wesentlichen KPIs, also Angaben wie Kundenwachstum, Liquiditätsentwicklung, Customer Lifetime Value. Und die andere Seite ist gerade bei jungen Unternehmen, die noch in der Wachstumsphase sind, die Story des Start-ups. Also: Wer sind die

Gründer:innen? Was für einen Background haben sie? Auf welche Weise packen sie ein Problem ganz anders und viel besser an als alle Wettbewerber zuvor? Und warum tun sie das, was treibt sie an?

Storytelling, also das strategische Erzählen von Geschichten, hat sich in den vergangenen Jahren in der Kommunikation zu einem regelrechten Modewort entwickelt. Kein Wunder, denn dem US-amerikanischen Kognitionspsychologen Jerome Bruner zufolge kann sich das Gehirn zweiundzwanzig Mal besser Geschichten merken als reine Fakten. Versuche mal kurz, dich zu erinnern: Was war noch mal die Kernaussage dieser Präsentation voller Tabellen, Diagramme und Statistiken letztens, oder welche Details hat dir dein Lieferant noch mal über dieses neue Vorprodukt aufgezählt? Und was war im Vergleich dazu noch mal der Plot des letzten Films, der dich im Kino so richtig aus dem Sessel gehauen hat? Wie hieß der Protagonist, und welches Problem hatte er zu lösen? Siehst du?

»Fachidiot schlägt Kunden tot«, sagt man im Vertrieb. Wer zu viel nerdiges Detailwissen über die letzte Schraube unten links anbringt, anstatt sein Produkt in eine einleuchtende Geschichte zu verpacken, verscheucht seine Zielgruppe nur, anstatt sie anzulocken. Darum ist es essenziell, die harten Fakten in einer erzählten Geschichte unterzubringen. Diesen Effekt kannst du dir beim Personal Branding zunutze machen. Eine erzählte Geschichte dimmt die Rationalität im Gehirn deiner Zuschauer, Zuhörer oder Leser etwas, sie aktiviert stattdessen Empathie und nimmt dein Publikum emotional mit. Deine Leser, Zuhörerinnen oder Zuschauer fiebern mit, wenn du vor großen Herausforderungen stehst, knifflige Situationen löst und am Ende als strahlender Sieger dastehst. Dieser emotionale Mehrwert stärkt deine Personal Brand und macht sie lebendig. Und weil deine Geschichte nie dieselbe ist wie die eines oder einer anderen aus deinem Fachbereich, betont sie deine Einzigartigkeit. Du solltest also unbedingt deine Geschichte erzählen. Wenn du es nicht tust, dann tun es andere. Und das womöglich nicht in deinem Sinne.

*Storytelling ist beim Personal Branding keine Option. Storytelling ist ein Must-have.*

## 7.9 Wie erzähle ich meine Geschichte?

Die Basics des Storytelling sind ergreifend einfach. Erst mal brauchst du einen Protagonisten. Diese handelnde Hauptfigur kann entweder ein Stellvertreter für dich sein oder für deine Zielgruppe stehen, also zum Beispiel für einen Projektpartner oder einen potenziellen Kunden. Dann brauchst du eine Geschichte mit Anfang, Mitte und Schluss, natürlich am besten mit einem Happy End. Das ist deine Schnur. Auf dieser Schnur fädelst du nun Fakten und Details in sinnvoller Reihenfolge auf wie zu einer Perlenkette: eine Ausgangssituation, eine Entwicklung, ein Höhepunkt, eine Auflösung – so ergibt sich eine mitreißende Geschichte. Am Anfang steht möglicherweise eine Ungerechtigkeit oder ein Defizit, die dein Protagonist sieht. Das kann ein Mangel an bezahlbaren Solar-Heizungsanlagen sein oder das Bedürfnis nach Ruhe und Entspannung in unserer hektischen Zeit. Und genau diese Bedürfnisse kannst du dann mit deinen kompetenten Komplettplanungen für Heizen und Warmwasserbereiten per Sonnenenergie beziehungsweise mit deinem kleinen Wellnesstempel stillen.

Wenn du unsicher bist, wie deine Story lauten könnte, dann schau mal auf deinen Markenclaim, deinen Unique Communication Point und dein Markenversprechen. In Kapitel 5 haben wir bereits betrachtet, wie sich das eine jeweils zum nächsten ausklappen lässt: vom halben bis maximal einen ganzen Satz des Claims über den schon etwas detaillierteren Unique Communication Point bis hin zum Markenversprechen, das bereits einen Absatz umfasst. Diesen Text kannst du nun konsequent erweitern und detaillierter ausführen, bis du eine kleine Geschichte beisammen hast. So lehren es auch Drehbuch-Gurus in Hollywood: Die gesamte Handlung eines jeden Films und einer jeden Serie, und sei sie auch noch so komplex und kompliziert, lässt sich auf einen einzigen Satz kondensieren. Und dann auch wieder entfalten: auf einen Absatz, auf eine Seite, auf zehn Seiten, auf ein komplettes Drehbuch.

Wie soll deine Erzählung konkret aufgebaut sein? Für dein Narrativ, also deine sinnstiftende Erzählung, gibt es zahllose Grundformen. Das sind Muster für Erzählungen, die im Kopf der Leser, Zuhörer oder Zuschauer funktionieren und schlüssig auf sie wirken. Dazu gehört das Narrativ »Sieg über ein Monster«, wobei das Monster ein Problem, Mangel oder Bedarf sein kann. Oder auch das Narrativ »die Suche« – die Suche nach dem besten Produkt, nach einer Lösung, nach Sinn. Außerdem natürlich die klassische Erfolgsgeschichte vom Tellerwäscher zum Millionär, am authentischsten inklusive einiger Fehlschläge auf dem Weg. Oder ein Comeback nach einer schweren Krise. Was den Aufbau dieser Grundform betrifft, gibt es ebenfalls viele Modelle. Das einfachste ist der klassische Drei-Akter. Er sieht so aus:

**Erster Akt**
Die Ausgangssituation schildert das normale Leben des Protagonisten mit seinen gewohnten Abläufen. Doch dann taucht am Übergang zum zweiten Akt ein Problem auf, das immer größer wird.

**Zweiter Akt**
Das Problem hat zu einem Konflikt geführt, es herrschen Aufruhr und Durcheinander. Allerdings zeichnet sich im Übergang zum dritten Akt eine Lösung ab.

**Dritter Akt**
Die Lösung stellt das normale Leben deines Protagonisten wieder her – wenn auch leicht verändert und sogar besser als vorher.

Beim Drei-Akter passiert vor allem an den beiden Übergängen zwischen den Akten etwas, den sogenannten Plotpoints: Erst taucht das Problem auf, dann seine Lösung. Du könntest etwa erst den intakten Alltag deiner Zielgruppe beschreiben, dann das Problem, mit dem sie gerade ringt. Und als Lösung nennst du deine Personal Brand, die diesen Alltag sogar besser als zuvor wiederherstellt. Mit dieser Struktur kannst du bereits eine Geschichte erzählen – selbst wenn jedes Element nur einen Satz lang ist.

Es gibt auch detailliertere Modelle als den Drei-Akter. Daran angelehnt ist etwa dieses Modell mit vier Bestandteilen:

1. **Ausgangssituation.** Etwa:»Meine Kunden wollen das Klima schützen und Geld sparen.«
2. **Problem.** Um beim Beispiel zu bleiben:»Aber die technischen Möglichkeiten dazu sind teuer oder ihrerseits wieder umweltschädlich.«
3. **Problemlösung.** »Meine Solarthermie-Anlagen sind dank technischer Innovationen absolut erschwinglich und amortisieren sich schon in fünf Jahren.«
4. **Happy End.** »Damit können meine Kunden endlich ihr Ziel erreichen.«

Noch etwas detaillierter ist das Modell der klassischen Heldenreise. Sie ist die Blaupause für jeden Helden, der vor einer Aufgabe steht und diese nach Rückschlägen bravourös bewältigt. Eine echte Heldenreise besteht aus zehn oder mehr Elementen, darum eignet sich das Modell vor allem für etwas ausführlichere Texte. Erstmals schriftlich festgehalten hat es der US-amerikanische Mythologieforscher Joseph Campbell. Er hat herausgefunden, dass quasi jede Geschichte, die sich Menschen irgendwo auf der Welt erzählen, ähnlich aufgebaut ist (Campbell 1949). Bis heute folgen die meisten großen Erzählungen diesem Schema, etwa auch Hollywood-Blockbuster von »Star Wars« bis »Herr der Ringe«. Weil Menschen so an Heldenreise-Erzählungen gewöhnt sind, kann man ihre Struktur leicht nachempfinden. Dies sind die einzelnen Stufen einer Heldenreise:

**Die gewohnte Welt:** Die Geschichte startet mit einem normalen Tag im Leben eines Menschen, mit dem sich die Zielgruppe identifizieren kann.

**Ruf des Abenteuers:** Dann passiert etwas, das diesen Protagonisten zum Aufbruch in ein Abenteuer lockt oder zwingt.

**Die Verweigerung:** Der Protagonist allerdings scheut das Unbekannte und möchte lieber in seinem gewohnten Leben bleiben, das viel bequemer und sicherer scheint.

**Der Mentor:** Es erscheint ein erfahrener Mentor auf der Bildfläche, der den Protagonisten fordert und fördert.

**Das Überschreiten der Schwelle:** Nun verlässt der Protagonist doch seine Komfortzone und bricht auf in eine neue Welt.

**Die Bewährungsproben:** In dieser neuen Welt, die er jetzt betritt, muss er sich erst mal bei schwierigen Aufgaben bewähren, auch mithilfe von Unterstützern.

**Schwieriges Weiterkommen:** Das ist nicht leicht, denn ein Gegenspieler wartet, der Protagonist stürzt darum in eine Krise – und versucht es erneut.

**Die letzte Prüfung:** Jetzt trennt ihn noch eine letzte große Aufgabe von seinem Ziel, ein finaler Kampf, nach dem nichts mehr so sein wird wie zuvor.

**Das Ziel:** Der Protagonist hat gewonnen und sein Ziel in der fremden Welt erreicht, er fühlt sich stark und elektrisiert.

**Der Weg zurück:** Er macht sich als neuer Menschen auf den Weg zurück in seine alte Heimat.

**Die neue Selbstsicherheit:** Doch da taucht auf dem Rückweg noch ein Hindernis auf – das der Protagonist nun allerdings mit seiner neuen Selbstsicherheit schnell überwindet.

**Die Ankunft:** Triumphal hält er Einzug in seine alte Welt, wo er mit seinen Erfahrungen und seinem neuen Wissen als Held gilt.

Mit diesen leicht nachzuvollziehenden Elementen kannst du deine persönliche Mission leicht in eine Erzählung gießen. Du übersetzt einfach Schritt für Schritt jede Stufe des Modells auf deine Arbeit und Vorgehensweise. Der Held auf dieser Reise kannst du sein, der bravourös ein Problem löst. Oder dein Kunde. In dem Fall tritt deine Personal Brand als Mentor auf, der den Kunden dabei unterstützt, sein Abenteuer zu bestehen – und so ihn und seine Welt rettet.

Steht deine Erzählung? Dann teste sie jetzt und erzähle sie anderen oder gib den Text zum Gegenlesen an Vertraute. Ist deine Erzählung interessant und hoffentlich sogar spannend zu lesen? Versteht deine Zielgruppe das? Berührt es sie? Kommt deine Marke mit ihrem Unique Communication Point so rüber, wie du es beabsichtigst?

# Case 10 – meine Erfahrungswerte

### Der mutige Kämpfer gegen die Netzriesen

David gegen Goliath, der mutige und schlaue Mensch gegen den großen, groben Riesen – das ist eine Geschichte, die jeder und jede sofort versteht. Mit der Schweizer Stiftung Dfinity befreit Dominic Williams das Internet aus den Klauen der Netzgiganten und führt es wieder zu seinen freien und offenen Wurzeln zurück. Auf Basis der Blockchain-Technologie entwickelt er mit Wissenschaftlern in Zürich, San Francisco und Hong Kong eine neue dezentrale Ebene des Internets. Das ist sicher, open source – und vor allem unabhängig von Amazon, Google, Microsoft oder auch Alibaba. Eine neutrale Alternative, die weder Unternehmen noch Regierungen gehört.

Mit diesem Storytelling von »David im Alleingang gegen die Goliaths der Netzwelt« haben wir bei PIABO Dominic Williams höchst erfolgreich in den Wirtschaftsmedien platziert – so ziemliche alle relevanten großen Sender, Zeitungen und Magazine haben den Befreier des Internets interviewt.

# 7.10 Wie privat können meine Inhalte werden?

Kürzlich gab es in der Welt der Influencer einen kleinen Skandal. Es ging um eine Influencerin, die mit Videos über ihre vegane Ernährung bekannt geworden war. Die damals Neunundzwanzigjährige folgte dabei nicht nur der Maßgabe, keinerlei tierische Lebensmittel zu sich zu nehmen, sondern sie ernährte sich auch noch rohvegan, also ohne ihr Essen zu kochen. Damit sprach die Frau auf YouTube fast zwei Millionen Follower an, auf Twitter mehr als 1,3 Millionen. Doch dann sah jemand die Roh-Vegan-Influencerin dabei, wie sie in einem Restaurant ein Fischgericht bestellte. Eine Welle der Empörung brach über sie herein. Ihre Sponsoren zogen sich zurück, ihre Follower sprangen ab. Die junge Frau tat das einzig Richtige: Sie wendete sich mit einer persönlichen Geschichte an ihr Netzwerk. In einem halbstündigen Video berichtete sie, dass sie aufgrund ihrer Ernährung ernsthafte Hormonprobleme bekommen hatte. Dabei wolle sie doch eine Familie gründen und Babys in die Welt setzen! Sie habe sich darum entscheiden müssen zwischen Kind und Karriere. Diese Geschichte konnten viele Follower nachvollziehen. Die Personal Brand der Influencerin war damit einigermaßen wiederhergestellt, wenn auch leicht neu justiert.

Natürlich wäre es schlauer von der Frau gewesen, ihre Lage aus eigenem Antrieb und schon früher transparent zu machen. Vor allem aber zeigt diese Anekdote, wie leicht unstimmiges privates Verhalten eine Personal Brand entgleisen lassen kann. Und immer, wenn du dich deinem Netzwerk als dreidimensionale Person präsentierst, als Mensch zu Anfassen, wird ein mehr oder weniger großer Anteil an privaten Inhalten von dir dabei sein. Schließlich sollen dich andere ja gerade als nahbaren Menschen erleben. Außerdem: Wenn du eine bestimmte Schwelle überschritten und eine bestimmte Reichweite erlangt hast, dann wird dein Netzwerk ziemlich sicher auch etwas über dein Privatleben wissen wollen. Und in dem Moment, das zeigt das kleine Drama um die Influencerin, solltest du schon einmal genau überlegt haben, wie sich deine privaten Inhalte und deine beruflichen Inhalte zueinander verhalten.

Das Verhältnis von Beruflichem zu Privatem wird von heutzutage zwei gegensätzlichen Faktoren bestimmt. Auf der einen Seite hat jeder Mensch mehrere Persona und Identitäten: als Privatmensch, als Freizeitmensch, als Berufsmensch, als öffentlicher Mensch. Du sprichst mit deiner Chefin anders als mit deinen Freunden. Du trittst bei der Präsentation im Besprechungsraum anders auf als beim Picknick am Wochenende. Das macht dich nicht etwa nicht-authentisch, sondern ist ganz normales, an unterschiedliche Situationen angepasstes Verhalten. Auf der anderen Seite geraten diese unterschiedlichen Persona, die bis vor Kurzem noch strikt getrennt nebeneinander her existieren konnten, durch digitale Vernetzung schnell miteinander in Berührung. Ganz besonders gilt das natürlich für Menschen, die wie viele Influencer ihr Privatleben zumindest zum Teil zum Beruf gemacht haben. Da findet vielleicht jemand private Fotos von dir vom letzten Junggesellinnenabschied, und plötzlich kursieren die in deiner Branche. Jemand stolpert über einen Videoclip, den ein Kumpel beim gemeinsamen Segeltörn gefilmt hat, und darin redest du augenscheinlich ganz anders als im Büro. Oder es werden Privatbilder publik, auf denen sich deine Wohnzimmereinrichtung erkennen lässt oder dass du zwei süße, kleine Kinder hast. Und schon bekommt deine Berufswelt Einblicke in dein Privatleben.

Willst du das? Willst du es auf diese Weise? In deinem eigenen Interesse solltest du die Kontakte zwischen deiner beruflichen Persona und deiner Privatpersona kontrollieren. Und zwar indem du ein Auge darauf hast, welche Bilder oder Filme oder sonstigen Informationen von dir kursieren, vor allem natürlich online. Wenn es denn andere interessieren könnte, kannst du durchaus auch wohldosiert Privates preisgeben, um deine Personal Brand zu stärken. Die private Geschichte hinter dem Bild, das du am Rande der Messe in Singapur geschossen hast, verleiht deiner Marke Tiefe und Emotion. Es macht sie lebendig, authentisch und nahbar. Mit Hinweisen auf ein vorzeigbares und passendes Hobby kannst du bestimmte Werte deiner Marke herausarbeiten. Ähnliches lässt sich mit Markierungen von Orten bewirken, an denen du warst, oder mit Tipps zu Restaurants, Büchern, Musikalben, Serien oder Filmen. Ob das zu deiner Personal Brand passt und angemessen ist, hängt von

*Die öffentliche und die private Persona dürfen sich nicht widersprechen. Deine Personal Brand ist stark, wenn deine Inhalte konsistent sind.*

deiner Branche ab. Aber sei vorsichtig, denn da ist schnell eine Grenze überschritten. Die erste und wichtigste Regel lautet:

Du stellst nichts öffentlich in Netz, was nicht auch deine beruflichen Kontakte sehen dürfen. Und wenn Freundinnen oder Freunde etwas veröffentlichen, das du nicht veröffentlicht sehen möchtest, dann bittest du sie darum, das wieder zu löschen. Du erklärst ihnen deine Positionierung, damit sie verstehen, warum du etwas gelöscht haben möchtest. Und damit sie beim nächsten Mal Bescheid wissen und nicht versehentlich etwas posten, das deine Personal Brand unterminiert. Durch Inkonsistenz. Da ist vielleicht das Foto von dir beim Faulenzen in der Hängematte. Natürlich faulenzt du auch mal in der Hängematte im Garten. Ist ja auch schön, das zu tun. Aber wenn deine Zielgruppe Bilder davon zu Gesicht bekommt, kann das ein falsches Signal sein. Schließlich willst du dich möglicherweise als kompetenter, stets zielstrebiger Experte positionieren. Da verursacht ein Hängematten-Bild eine handfeste Störung bei der Markenwahrnehmung. Und es bringt auch nichts, auf deinen Profilen ohne jeden Zusammenhang beispielsweise den neuen Tarantino-Film zu loben. Das lenkt nur ab von deiner Marke und ihren Werten. Aber vielleicht findest du ja ein Zitat aus dem Film oder ein Element seiner Handlung, das du mit deiner Brand in Beziehung setzen kannst. Auf diese Weise stärkst du deine Marke. Um die Gefahr von Entgleisungen von vornherein zu minimieren, solltest du sicherstellen, dass deine Authentizität nicht nur Fassade ist: Dein Stil und dein Lebenswandel sollten zu deiner Personal Brand passen.

Du musst deine Marke leben.

Das gilt bis hin zu deinen Freunden und Bekannten: Passen die eigentlich zu dem, was du beruflich verkörperst? Das müssen sie nicht, solange keiner deiner Geschäftspartner:innen sie trifft oder auf Fotos zu Gesicht bekommt. Aber wenn sie irgendwo auftauchen, dann sollten sie dir zumindest nicht schaden. Dieselben Regeln gelten, wenn du mit Freunden oder Bekannten nachts durch Bars oder Klubs ziehst: Dein Verhalten und deine Begleitung im

Nachtleben sollten deine Personal Brand zumindest nicht unterminieren. Sei außerdem grundsätzlich wählerisch bei deinen Vergnügungsorten und deinen Genussmitteln, vor allem natürlich bei illegalen Drogen. Du kannst versuchen, dich nachts bei was auch immer nicht erwischen zu lassen. Aber das wird umso schwerer, je bekannter du bist. Und irgendwer hat heute immer ein Smartphone mit Kamera dabei. Ich persönlich kenne jedenfalls keine wie auch immer gearteten privaten Barfotos, die jemals einem Menschen bei seiner Karriere geholfen haben.

## 7.11 Bei welchen Themen sollte ich vorsichtig sein?

Die Sache mit dem Nachtleben zeigt: Um manche Inhalte solltest du einen großen Bogen machen. Bei anderen Inhalten solltest du zumindest wachsam sein. Dazu gehören alle Inhalte, mit denen du für dein Netzwerk witzig erscheinen möchtest. Natürlich sind Witze nicht verboten. Sie können sogar dein Branding abrunden, weil sie im Idealfall dein Netzwerk unterhalten. Und Humor ist auch ein Zeichen von Intelligenz und Kreativität. Aber nur du kannst die Frage beantworten, ob Witze grundsätzlich zu dir, deinem Thema und deinem Kanal passen, ob dein Netzwerk Witze goutieren würde und welche Art von Witzen das sein könnte. Du musst dein Netzwerk inklusive seiner Umgangsformen, seiner Moralvorstellungen und natürlich seines Humors gut kennen, um einen wirklich lustigen Witz landen zu können. Und bedenke, dass dein Witz online meist weitgehend ohne Kontext dasteht. Es ist etwas anderes, ob du ihn beim Get-together augenzwinkernd am Büfett machst, oder ob du ihn ins Netz stellst. Ohne Gestik und Mimik, ohne eine Performance dieses Witzes und ohne dass manche deiner Leser oder Zuhörer etwas mehr von dir als Mensch wissen, landest du schnell in falschen Schubladen. Ganz besonders bei aktuell sensiblen gesellschaftlichen Themen.

Und ob witzig oder ernst gemeint, generell können dich Politik und Religion als Inhalte schnell in die Bredouille bringen. Natürlich kann es sein, dass du deine Personenmarke zu einem politischen Thema positioniert hast, etwa als

Vertreter einer Bürgerinitiative oder natürlich als Politikerin. Oder du arbeitest im Themenfeld Religion, zum Beispiel als Islamkennerin oder als Fachmann für mehr Laienpriestertum in der katholischen Kirche. Dann werden sich deine Inhalte natürlich um Politik beziehungsweise Religion drehen. Ansonsten aber sind beide Themenkomplexe brisant: Sie erzeugen Reibung, ohne auf deine Marke einzuzahlen. Es wird sich immer jemand finden, der oder die sich davon auf den Schlips getreten fühlt. Wenn du also ohne Politik und Religion auskommst, dann lass sie weg. Du machst dein Branding sonst ohne Not komplizierter.

Ganz vermeiden solltest du, wie bereits angesprochen, alle Inhalte, die mit Alkohol und illegalen Drogen zu tun haben. Von anderen Ordnungswidrigkeiten und Straftaten müssen wir erst gar nicht reden. Damit kannst du keinen Blumentopf gewinnen. Und, wie bereits gesagt, das Internet vergisst nichts. Ein regelrechtes Tabu ist es grundsätzlich auch, andere schlechtzureden. Lästern, tratschen, böse Gerüchte in die Welt setzen, das alles bringt schlechtes Karma. Wer andere mit Schlamm bewirft, wird immer auch selber dreckig. Soll heißen: Etwas von dieser Negativität fällt immer auch auf dich zurück. Ich rate darum sehr davon ab, dass du dich positionierst, indem du schlecht über Wettbewerber redest.

Zeige, was du kannst – nicht was andere nicht können.

Im Grunde gelten damit für deine Inhalte dieselben Grundregeln, die auch für erfolgreichen Small Talk gelten: Vermeide, wo immer möglich, Negatives sowie Themen, die andere vor den Kopf stoßen können. Du bleibst freundlich, sachlich und positiv – auch und gerade auf Social Media. Sonst wirst du schnell ignoriert, weggeklickt, geblockt. Und fängst dir einen schlechten Ruf ein. Genau aus diesem Grund postest du auch niemals aus einer Laune heraus. Vor allem keine Kritik. Diese Studie da letztens verbreitet hanebüchenen Unsinn? Dein Wettbewerber lehnt sich mit Behauptungen aus dem Fenster, die nachgewiesenermaßen Bullshit sind? Den willst du jetzt mal in die Schranken weisen? Atme einmal tief durch! Lass die Finger von Rants, wenn du dich gerade in Rage getippt hast. Denk mindestens einmal gründlich nach, bevor du den »Senden«-Button anklickst.

## 7.12 Darf ich auch mal auf den Tisch hauen und polarisieren?

Du bist also gerade in Fahrt? Willst endlich Klartext reden? Vielleicht sogar mal eine bewusst steile These raushauen? Dagegen ist grundsätzlich nichts einzuwenden. Wenn es zu dir und deiner Branche passt, können gut platzierte polarisierende Inhalte die Aufmerksamkeit für deine Brand steigern und deine Positionierung noch klarer herausstellen. Wer auch mal gegen den Strom schwimmt und deutlich seine Meinung sagt, macht seine Personal Brand interessanter. Eine Marke bedeutet ohnehin immer Zuspitzung – von Inhalten, von Aussagen, von Positionierungen. Ecken und Kanten sind Anknüpfungspunkte für deine Zielgruppe. Nichts ist schlechter für eine Marke, als wenn sie anderen egal ist. Und du willst dich ja von Wettbewerbern absetzen. Sichtbar werden. Im Idealfall sogar die Agenda bestimmen.

Wer jedem gefallen will, interessiert irgendwann keinen mehr.

Die wichtigste Voraussetzung dafür ist allerdings, dass du nicht so emotional bist, wie sich deine Äußerungen lesen oder anhören. Was nicht heißen soll, dass du schauspielern solltest. Aber:

Denke in Ruhe nach, bevor du Unruhe verbreitest.

Das ist essenziell. Du überlegst dir also deine Provokation und die Argumentation dahinter gründlich. Nimmst so mögliche Gegenreaktionen vorweg. Und fragst dich vor allem grundsätzlich: Liegt dir Polarisieren überhaupt, oder willst du das jetzt nur aus strategischen Gründen tun? Einige Menschen blühen ja richtig auf, wenn sie einen ganz Saal gegen sich haben. Anderen bereitet es schlaflose Nächte, wenn sich unter ihrem letzten Social-Media-Post kritische bis ablehnende Kommentare häufen. Weil sie lieber im Konsens mit anderen bleiben und handeln. Das ist vollkommen in Ordnung. Wenn du zu dieser Sorte Mensch gehörst, dann vermeide es, jemandem auf die Füße zu treten. Sonst fühlst du dich nicht nur unwohl. Sondern du wirkst auch noch unglaubwürdig.

Wenn du aber auch mal mit deinen Inhalten polarisieren möchtest, dann stellst du das schlau und intelligent an. Davon wird sich dann ein Teil deiner Zielgruppe besonders angesprochen fühlen. Ein anderer jedoch wird sich mit Grausen abwenden. Das ist beim Polarisieren unvermeidlich. Schließlich steckt in dem Begriff ja »Pol«, für unterschiedliche Bezugs- oder Drehpunkte, um die sich etwas oder jemand sammelt. Und wenn sich einige abwenden, ist das kein Problem. Solange erstens die Zustimmung für dich nicht ins Bodenlose fällt. Und solange zweitens die Richtigen auf deiner Seite bleiben. Diejenigen, die du ansprechen möchtest. Eine trennscharfe Abgrenzung hat schon für so manches klare und kredible Profil gesorgt. Wer dann beispielsweise nach einem Teilnehmer für seine Podiumsdiskussion sucht oder einen Gastkommentator für sein Fachmagazin, der wird sich denken: »Dieser Mensch ist vielleicht nicht derselben Meinung wie ich, aber das ist immerhin eine interessante Position mit Substanz dahinter.«

Jetzt hast du also mal so richtig auf den Tisch gehauen. Und es schwappt eine Welle von Kritik zurück zu dir. Vielleicht sogar Zurückweisung, Ablehnung, Diffamierung. Kein Wunder. Wenn du dich auf die Bühne stellst, musst du es auch aushalten, dass mal jemand mit Tomaten auf dich wirft. Wer spitz positioniert ist und einen klar identifizierbaren Beitrag zur Gesellschaft leistet, ist mehr Kritik ausgesetzt – eben weil dieser Beitrag und diese Position sich von anderen abgrenzen und hervorstechen. Das ist nicht schlimm, denn mit einer klug positionierten Personal Brand kann dir das nicht viel anhaben. Schließlich weißt du, wer du bist und wofür du stehst. Und dein Netzwerk weiß es auch.

Gute Marken haben Freund und Feind.

Du brauchst also Konflikte mit Kritikern nicht zu scheuen. Du hast offensichtlich den Finger in eine Wunde gelegt, etwas aufgewühlt. Natürlich musst du nicht auf jeden ätzenden Kommentar irgendeines Trolls reagieren. Vor allem auf Twitter arten Diskussionen schnell mal in Schlachten aus. Und wenn dann jemand ganz übel vom Leder zieht, dann darfst du auch mal einen Kommentar löschen, vielleicht sogar den Urheber blockieren und melden. Aber wenn Kritiker ernst zu nehmen sind und einigermaßen sachlich bleiben, dann solltest du ebenso sachlich darauf reagieren. Du stellst dich also der Kritik, beantwortest Argumente mit Argumenten, die du dir ja vorher überlegt hattest, führst eine sachliche Auseinandersetzung.

Die Kritiker sind gegen dich? Die wollen vor allem recht haben? Sieh es doch mal so: Jemand investiert hier anscheinend Zeit und Mühe, um auf deine Inhalte zu reagieren. Das zeigt doch vor allem, dass dein Kritiker dich als Experte oder Expertin ernst nimmt und es sinnvoll und wichtig findet, dir zu antworten. Kritik kann also ein Zeichen von Wertschätzung ein. Du bist relevant, wenn du Kritik, Kontroversen und Disput hervorrufst. Nur wer egal und unbedeutend ist, wird nicht kritisiert oder angegriffen. Davon mal abgesehen wird ein kleines bisschen Aufregung andere Menschen hellhörig machen: Was ist denn da los? Worum geht es da? Wer schlägt da solche Wellen? Und hat er oder sie recht? Natürlich wird dir nicht jeder dieser Menschen zustimmen. Andere aber schon. Die werden im besten Fall künftig ein Auge darauf haben, welche Inhalte du veröffentlichst. Und schon wächst dein Netzwerk wieder etwas.

Deine Personal Brand wird größer, bekannter, erfolgreicher.

## 7.13 Welche Fragen hat Tilo Bonow an dieser Stelle an mich?

Nun stehen nach deiner Positionierung und deinen Kanälen auch dein Netzwerk und auch deine ersten Inhalte. Und wieder habe ich zu deinen letzten Schritten noch ein paar Fragen an dich als Leser oder Leserin. Die Antworten darauf können dir noch mal klar vor Augen führen, wo du jetzt stehst.

- Wen sprichst du für dein Netzwerk an, und wen wirst du künftig noch in dein Netzwerk einladen?
- Wie kontaktierst du potenzielle Neumitglieder deines Netzwerks?
- Auf welche Weise schaffst du bei Bedarf Anknüpfungspunkte zu ihnen?
- Was wird deine erste Äußerung zu deinem Netzwerk über deine Onlinekanäle sein?
- Wie reagierst du auf Rückmeldungen, die dann kommen, etwa auf Fragen, Lob, kritische Kommentare oder Content mit weiteren Informationen?
- Wie erweiterst du dein Netzwerk offline?
- Welche ersten eigenen Inhalte teilst du?
- Wie stellst du sicher, dass deine Inhalte dein Netzwerk mit den drei N News, Nutzen, Nähe versorgen?
- Wie sorgst du dafür, dass deine Inhalte konsistent bleiben und stets auf deinen Unique Communication Point einzahlen?
- Mit welcher Geschichte baust du deine Personal Brand auf?
- Welche Grundform hat sie, welchem Aufbau folgt sie?
- In welchem Umfang lässt du private Inhalte auf deinen Kanälen zu?
- Um welche Themen machst du einen großen Bogen?
- Bis zu welchem Grad möchtest du mit deinen Inhalten polarisieren?
- Wie reagierst du auf Kritiker?

Du teilst deine Inhalte über deine Kanäle, du kommunizierst rege mit deinem Netzwerk. So langsam kommt deine Personal Brand in Gang. Und damit machst du ab jetzt immer weiter.

# 8.
# Teilen – wie du kontinuierlich weitermachst

Vielleicht ist es am Stehtisch während eines Fachkongresses, bei dem ich als Keynote Speaker geladen bin. Vielleicht auch während eines lockeren Get-togethers abends irgendwo auf einer Hotelterrasse. Ich komme ins Gespräch mit anderen Gästen oder Teilnehmern, wir kennen uns aus der Branche oder von früheren Events, wir reden über dies und das. Erzählen uns gegenseitig, an welchen Projekten wir gerade arbeiten, mit welchen Partnern, für welche Kunden. Und oft fällt dann von einem meiner Gesprächspartner dieser anerkennende Satz: »Mensch, du bist jetzt aber auch schon lange dabei, oder?«. Das klingt nach Veteran. Meint aber vor allem: Deine Agentur hat sich etabliert und steht auf festen Füßen, auch wenn die Branche mal wackelt. Du hast in der Zeit sicher viel Erfahrung gesammelt. Du bist bekannt, dein Angebot ebenso, das sich aber konstant weiterentwickelt. Wir wissen, was du drauf hast, und wir wissen, wofür du stehst. Du bist eine Marke. Deine eigene Marke.

In solchen Momenten merke ich, dass ich nicht da wäre, wo ich heute bin, hätte ich jedes Mal sofort aufgegeben, wenn irgendein Problem aufgetaucht ist. Ich bin drangeblieben. Habe weitergemacht. War kontinuierlich am Ball. Und das ist genau das, worum es an diesem letzten Punkt deines Personal-Brandings-Prozesses geht:

Dranbleiben.
Weitermachen.
Kontinuierlich sein.

»Kontinuierlich« ist – nach »klar«, »kredibel« und »konsistent« – das vierte und letzte »k« des Personal Branding. Mit den vorangegangenen drei »k« hast du jetzt schon einen detaillierten Prozess hinter dir, bist wichtige Schritte gegangen: Du hast dich klar positioniert, du hast die für dich passenden Kanäle identifiziert, um kredibel kommunizieren zu können, und du hast diese Kanäle mit konsistenten Inhalten gefüllt. Das ist eine starke Ausgangsbasis. Nun kommt es darauf an, dass du auf dieser Basis kontinuierlich weitermachst. Dass du mit anderen weiter deine Inhalte teilst und damit letztlich dein Angebot. »Kontinuierlich« meint ja auch stetig, fortgesetzt, anhaltend, unentwegt. Vielleicht bist du davon ausgegangen, dass du nun, mit dem vierten und letzten Schritt, endlich mal am Ziel ankommst. Dass du fortan über deine eigene erfolgreiche Personal Brand verfügst, womit dann auch dein Erfolg weiter wächst. Und jetzt komme ich hier mit solchen Begriffen um die Ecke, die eher nicht nach Ziel klingen! Sondern mindestens nach einem ziemlich großen letzten Schritt, auf den weitere folgen. Oder vielleicht sogar nach einem endlosen Prozess, der jetzt erst richtig losgeht. Und so ist es auch.

## Die vier Erfolgsfaktoren deiner Personal Brand

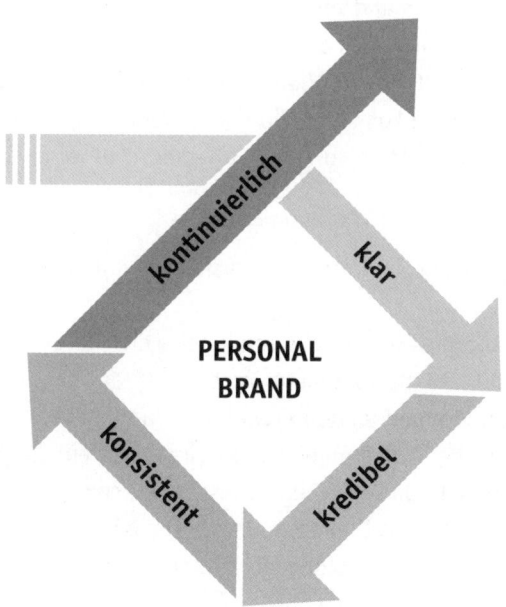

# 8.1 Ich bin jetzt nicht am Ziel?

Stell dir vor, in deiner Branche springt plötzlich jemand wie Karl oder Karla aus der Kiste. Und erzählt allen Umstehenden ungefragt, er oder sie sei jetzt hier der größte Experte oder die erste Ansprechpartnerin für ein fachliches Spezialthema. Sagen wir: für das Batteriedesign von Elektroautos oder für sichere Datenübertragungen bei Fintech-Apps. Und du, der du seit zig Jahren an vorderster Front der E-Mobilität arbeitest beziehungsweise dich wirklich schon ewig mit Fintech-Start-ups beschäftigst, hast noch nie von dieser Person gehört. Glaubst du das dann? Natürlich nicht. Dieser angebliche Experte, diese angebliche erste Ansprechpartnerin kommt aus dem Nichts und will gleich ganz oben einsteigen. Doch dieser Mensch muss sich erst mal etablieren. Muss sich vernetzen und vor allem beständig gute Arbeit leisten, um andere zu überzeugen. Muss sich also erst mal Meriten erwerben. Erst auf einer langsam wachsenden Basis von Connections und Empfehlungen wird dieser Mensch eventuell vorankommen. Um dann, wenn es gut läuft, irgendwann wirklich als Expertin oder Go-to-Person anerkannt zu werden. Das geht nicht von null auf gleich.

Personal Branding ist kein Sprint, sondern ein Marathonlauf.

Teile dir deine Energie also gut ein und bereite dich darauf vor, dass du Ausdauer mitbringen musst. Es kommt jetzt darauf an, dass du geduldig und beharrlich bist und einen langen Atem hast. Du nimmst alle sich bietenden Gelegenheiten wahr, gehst regelmäßig raus, veröffentlichst, positionierst und präsentierst dich. Du verstummst zwischendurch nicht etwa über längere Zeit, sondern bleibst aktiv. Deine Personal Brand ist zu diesem Zeitpunkt noch ein zartes Pflänzchen. Sie erblüht nicht über Nacht, sondern muss langsam wachsen und gedeihen. Du umhegst und gießt sie. Jeden Tag, jede Woche. Diese Pflege ist kein Nebenprojekt oder gar nur ein Hobby, das du auch mal wieder links liegen lässt, wenn dir gerade nicht danach ist.

Personal Branding wird zu einem Teil deiner täglichen Arbeitsroutine.

Und das kontinuierlich, ohne abrupte Unterbrechungen und lange Sendepausen. Über einen längeren Zeitraum hinweg. Erst dann werden dich die Leute irgendwann wirklich wahr- und vielmehr noch ernst nehmen.

## 8.2 Über welchen Zeitraum reden wir?

Du hast nun deine Personal Brand vollständig aufgestellt. Sie besteht aus deiner Positionierung samt Unique Communication Point, aus deinen Kanälen und aus deinen Inhalten. Du kannst nun ziemlich genau bestimmen, was zu deiner Personal Brand gehören soll und kann und was nicht dazu passt. Aber deine Brand ist noch nicht gefüllt mit Leben, mit täglichem, praktischem, gelebtem Leben. Du musst nun hineinwachsen, sie mit Aktion füllen. Und zwar nicht, indem du nur darüber nachdenkst, anderen davon erzählst oder irgendwo etwas hinschreibst. Sondern indem du aktiv wirst. Indem du veröffentlichst, diskutierst, auftrittst, dich vernetzt – und arbeitest, arbeitest, arbeitest.

Du füllst deine Marke mit Leben.

Wie lang diese Phase in deinem Fall genau dauern wird, das hängt von vielen Faktoren ab: von deiner Branche, von deiner Positionierung, von deinen Ansprüchen. Und von deinen Zielen, über die wir gleich noch mal sprechen werden. Grob gesagt würde ich für diese erste Phase der aktiven Anwendung deiner Personal Brand mindestens zwei Jahre veranschlagen. Zwei Jahre, das ist nicht ewig, aber halt auch nicht sofort. Darum planst du für diese gesamte erste Phase auch ausreichende Ressourcen ein. Das heißt, etwas Geld, unter anderem für gut gemachtes Corporate Design deiner Online-Auftritte, für professionelle Fotos oder für ausgewählte Online-Services, über die wir schon gesprochen haben. Vor allem aber ausreichend Arbeitszeit, um deine Inhalte zu erstellen und zu teilen und damit deine Marke weiter mit Leben zu füllen. Du planst also für die kommenden zwei Jahre kontinuierlich etwas Zeit und Aufwand ein, die du exklusiv auf dein Personal-Branding-Projekt verwenden kannst. Das kann eine Viertelstunde pro Tag sein oder auch eine Stunde jeden Arbeitstag, vielleicht immer gleich morgens. Wichtig ist, dass du kontinuierlich dabei bleibst. Und dass dir unterwegs nicht die Puste ausgeht.

Sicher hast du jetzt schon ein Ergebnis im Sinn, das du mit deiner Personal Brand erreichen willst. Vielleicht mehr Aufträge, ein bestimmtes Umsatzplus, einen neuen Job oder einfach mehr öffentliche Aufmerksamkeit für dich und dein Anliegen. Alles legitim. Doch der Weg dahin kann sich ziehen. Und damit dir dieser Weg nicht zu lang vorkommt, solltest du ihn in Etappen unterteilen: in Zwischenstationen, Meilensteine, kleinere Ziele, die du zu einem bestimmten Zeitpunkt erreicht haben möchtest. Das hat mehrere Vorteile. Zum einen untergliedert es deinen Personal-Branding-Prozess in handhabbare Schritte mit klar identifizierbaren Benchmarks. Diese kleinen Untereinheiten machen den Prozess für dich überschaubarer. Du kannst immer eine Einheit nach der anderen angehen, Schritt für Schritt. Das ist auch psychologisch leichter, als wenn der Prozess vor dir wie ein ununterbrochener Strahl ins Unendliche zielt. Zum anderen kannst du anhand der Benchmarks immer genau überprüfen, wie du im Rennen liegst. Also ob du deine Ziele wenigstens ungefähr zu den Zeitpunkten erreichst, die du dir vorgenommen hast. So vermeidest du, dass du komplett vom Weg abkommst oder dass dein Projekt vollkommen aus dem Ruder läuft.

## 8.3 Welche Meilensteine kann ich anvisieren?

Wenn ein Unternehmen plant, wo es mit seinen Produkten oder Dienstleistungen am Markt zu bestimmten Zeitpunkten stehen will, dann gilt oft: Eine kurzfristige Planung umfasst circa ein Jahr, eine mittelfristige bis zu fünf Jahren, und alles darüber hinaus ist langfristige Planung. Für deine Personenmarke würde ich diese Unterscheidungen etwas enger setzen:

**Kurzfristige Meilensteine** stehen schon in den ersten Monaten deines Personal-Branding-Prozesses an deinem Wegesrand. In diesem Zeitraum wirst du dir ein Netzwerk aufgebaut haben, mit dem du in Austausch stehst. Dein Name ist mindestens einem Teil der Keyplayer deiner Branche ein Begriff. Bei deinen Veröffentlichungen über deine Medienkanäle und bei deinen Auftritten oder sonstigen Direktkontakten hast du deinen Sound und deine spezielle Herangehensweise gefunden. Du probierst immer weniger herum, sondern fühlst dich zunehmend sicherer.

**Mittelfristige Meilensteine** erreichst du bis zum Ende des ersten Jahres. In diesem Zeitraum sollte sich deine Personal Brand in ersten konkreten Ergebnissen niedergeschlagen haben – zum Beispiel in einer spürbaren Umsatzsteigerung oder weil du dein Namensschild an die Tür in der Firma mit deinem Traumjob schrauben kannst. Ziemlich sicher aber hat sich deine Personal Brand nun in einem gewissen Umfang in deiner Branche etabliert.

**Langfristige Meilensteine** liegen nach circa zwei Jahren mit Abschluss der ersten Phase an. Spätestens jetzt solltest du zumindest einen Teil der Ergebnisse erzielt haben, die du eingangs im Sinn hattest. Also neue Aufträge, Jobangebote, Speaker-Placements oder Kooperationen, mehr Absatz, Umsatz, Gewinn. Wobei es natürlich Branchen gibt, die noch langfristiger arbeiten und darum eher zäh zu durchdringen sind. Ansonsten aber bist du jetzt ziemlich sicher eine echte Marke. Leute kennen dich und kommen auf dich zu, wenn sie einen bestimmten Beitrag oder eine spezielle Herangehensweise brauchen. Deine Produkte oder Dienstleistungen sind ebenso gefragt wie deine Expertise. Für deine Inhalte und deine beruflichen Projekte hast du Partner, Sponsoren oder Förderer gefunden. Nun kannst du schon über die nächsten Meilensteine nachdenken, beispielsweise dass du demnächst als Mentor für Jüngere auftreten oder neue Geschäftsfelder in Angriff nehmen möchtest.

»Wer nicht weiß, wo er hin will, darf sich nicht wundern, wenn er woanders ankommt«, hat der US-Schriftsteller Mark Twain gesagt. Und damit du von Anfang an weißt, wohin du willst, und dabei auch nicht vom Weg abkommst, hältst du deine kurz-, mittel- und langfristigen Ziele schriftlich fest, bevor du in diese Phase einsteigst. Du schreibst also genau auf, wo du wann sein möchtest. Welche Meilensteine du wann erreicht haben willst. Diese strategische Planung berücksichtigt auch Fixpunkte, auf die du keinen Einfluss hast, etwa wichtige Messetermine, die Jahreshauptversammlung deines Unternehmens oder aber – wenn du in einer Branche mit saisonalem Geschäft arbeitest – die jährliche Hauptsaison. Du bleibst dabei realistisch, nimmst dir also nicht zu viel auf einmal vor. Sonst machst du dich nur selber unzufrieden. Und du baust ausreichende Pufferzeiten ein, damit du in deiner Planung zumindest etwas flexibel reagieren kannst. Dadurch werfen dich kleinere Probleme nicht gleich vollkommen aus der Bahn.

Also sind deine kurz-, mittel- und langfristigen Meilensteine nicht in Stein gemeißelt? Keineswegs. Du aktualisierst den Plan regelmäßig, überprüfst also, wie weit du bist. Wenn du Punkte abhaken kannst, dann wird dir das ein gutes Gefühl geben: zack, erledigt, weiter. Wenn sich aber Rahmenbedingungen oder andere Faktoren ändern, dann schaust du, ob die weiteren Schritte, die du dir vorgenommen hast, noch realistisch sind. Und welche Änderungen du nun berücksichtigen musst. Die sind vielleicht auch bedingt durch externe Faktoren wie etwa deine Kollegen oder die Konjunkturentwicklung. Dabei behältst du immer das gesamte Feld im Auge, also Mitbewerber, Partner, Kunden, die ganze Branche. Bei Bedarf passt du deinen Plan auch mal behutsam an. Er ist ja kein unnachgiebiges Stahlkorsett, das dich beim Aufbau deiner Personal Brand knechten soll. Sondern ein Hilfsmittel für dich, damit du den Prozess im Griff hast und einen Überblick über den Fortschritt behältst.

Wenn diese erste Phase schließlich vorüber ist, dann gehst du in Revision. Du atmest also einmal durch und schaust darauf zurück, was du erreicht hast. Und auch darauf, was nicht gut gelaufen ist. Was du nächstes Mal besser machen willst. Diese Lernschleife ist essenziell, damit du deine Fehler nicht wiederholst.

Wer aus seiner Vergangenheit lernt, sichert seine Zukunft.

## 8.4 Was soll ich jetzt konkret tun?

Endlich hast du deine eigene Personal Brand! Endlich kannst auch du das effektive Personal Branding für dich nutzen, über das du so lange in diesem Buch gelesen hast! Vielleicht bist du gerade in einem Rausch. Du legst dir drei verschiedene Social-Media-Profile zu und fängst an, dort deine Marke auszurollen. Du feilst unentwegt an deinem Netzwerk. Du bloggst und sprichst Podcasts ein, du trittst bei einigen Gelegenheiten als Redner oder Panel-Teilnehmer auf. Du hast dir passende Visitenkarten drucken lassen. Du sendest auf allen Kanälen mit voller Kraft. Aber nach ein, zwei, drei Monaten lässt dein anfänglicher Enthusiasmus eventuell schon etwas nach. Deine Kreativität ebenso. Puh, worüber sollst du denn jetzt schon wieder bloggen? Oh, da sind unbeantwortete Kontaktanfragen bei LinkedIn! Na ja, darum kümmerst du dich vielleicht nächste Woche. Dein Partner nörgelt schließlich schon, dass du nicht so viel Extrazeit vor dem Rechner verbringen sollst. Und diese Fachkonferenz am anderen Ende des Landes lässt du jetzt bitte mal ausfallen, du legst lieber mal wieder ein entspanntes Wochenende ein.

Also bedienst du deine Kanäle nur noch unregelmäßig, vielleicht sogar nur noch sporadisch. Dein Blog und deine Social-Media-Profile verwaisen, es gibt keinen neuen Content mehr. Die letzten Beiträge haben schon ein paar Wochen auf dem Buckel. Dein Netzwerk wartet lange, bis endlich mal wieder ein Lebenszeichen von dir kommt. Darum springen die Follower, die anfangs doch so zahlreich an dein Netzwerk angedockt haben, langsam wieder ab. Sie empfehlen dich auch nicht mehr weiter. Du bist immer weniger im Gespräch. Wenn man die Aktivitäten deiner Personal Brand in einer Kurve aufzeichnete, dann würde die anfangs einen rasanten Anstieg zeigen, jetzt aber einen langen, langen Niedergang. Weniger Content, weniger Reaktion, weniger Follower, weniger Lust. Und so weiter. Und irgendwann stellst du das ganze Projekt frustriert ein.

Du hast stark angefangen – und dann stark nachgelassen.

Was kannst du gegen eine solche Entwicklung tun? Du kannst planvoll vorgehen. Dir also einen Plan aufstellen. Einen Redaktionsplan. Dein Redaktionsplan ist die strategische zeitliche Planung und Koordination all deiner Aktionen beim Personal Branding, abgestimmt auf deine kurzfristigen, mittelfristigen und langfristigen Ziele. Der Redaktionsplan steuert deine Kanäle und Inhalte.

Die richtige Aktion zum richtigen Zeitpunkt.

Die »Redaktion«, das bist in diesem Fall du. Und du bist als Redakteur nicht nur für deine Medienkanäle verantwortlich, sondern auch für deine Direktkontakte, also Auftritte oder sonstiges physisches Networking. Dein Redaktionsplan hält fest, welches Material du zu welchem Zeitpunkt veröffentlichen willst. Zum Beispiel einen Kommentar zur Lage deines Geschäftsfelds, weil da der jährliche Branchenreport erscheint. Oder wann du auf welcher wichtigen jährlichen Fachkonferenz präsent sein und vielleicht sogar dort auftreten möchtest. Mit deinem Redaktionsplan stellst du sicher, dass du alle ausgewählten Kanäle zu den richtigen Zeitpunkten bedienen kannst. Und bedienen wirst. Er läuft über die kommenden Monate oder das gesamte kommende Jahr. Das bedeutet, er umfasst die genauen Kalenderwochen und Wochentage. Aber besonders bei digitalen Veröffentlichungen, die ja fast oder ganz in Echtzeit laufen, auch die Uhrzeiten.

# Case 11 – meine Erfahrungswerte

## Redaktionspläne

Bei PIABO arbeiten wir regelmäßig mit Redaktionsplänen, wenn wir online oder offline Inhalte für unsere Kunden-Medien anbieten. Auch du kannst zum Beispiel systematisch erfassen, welche Events für dein Thema anstehen. Ein paar Beispiele: Die Grüne Woche, die EXPO Real, Black Friday, neue Gesetzesvorlagen der Regierung, Branchen-Fachkonferenzen und so weiter. All das sortierst du in deinen Redaktionsplan ein und planst entsprechenden Content dazu.

Dabei muss nicht jedes Content-Piece höchste Kunst sein. Verrate auch einfach mal, was deine top Sachbücher, Newsletter oder Learnings der vergangenen Monate sind. Natürlich sollten diese auf deine Positionierung einzahlen. Solche Beiträge kannst du in deinem Redaktionsplan nutzen, um Lücken zwischen Themen zu schließen.

Was postest du wann, also zu welchem Wochentag, zu welcher Uhrzeit? Überlege dir, was dein Netzwerk dann macht. Sind seine Mitglieder noch im Montagmorgen-Tran oder am Freitagnachmittag gedanklich quasi schon im Wochenende? Stehen sie kurz vor der Mittagspause, mit hungrigem Magen und nur dem Gedanken an etwas zu essen? Oder haben sie die Mittagspause gerade hinter sich, nun mit vollem Bauch und leerem Kopf? Die besten Uhrzeiten sind:

- wenn viele Mitglieder deines Netzwerks morgens gerade mit Auto oder Bahn zu ihrem Arbeitsplatz pendeln,
- wenn sie zur Mittagspause in Restaurants oder Kantinen sitzen und am Tisch ein bisschen auf Smartphone oder Tablet surfen,
- oder wenn sie abends mit Freizeit und Bildschirm auf dem heimischen Sofa relaxen.

Zu den richtigen Zeiten stellst du regelmäßig frischen Content bereit. Je nach Kanal oder Zielgruppe können für dich ganz unterschiedliche Rhythmen sinnvoll sein. Das kann jede Woche ein Post auf LinkedIn sein oder einmal alle zwei Wochen Facebook für den Background. Das wird für jeden anders aussehen. Wichtig ist, dass du einen Rhythmus findest, der für dich gesund ist und den du bewältigen kannst. Ein Beispiel ist der Podcast unserer Agentur PIABO. Ich habe bewusst entschieden, den lieber einmal im Monat richtig zu machen, als ein Ding nach dem anderen rauszuhauen. So habe ich im Jahr zwölf Interviewpartner zu Kommunikationsthemen, die wirklich spannend sind und mit denen ich wirklich in die Tiefe gehen kann. Davon hat meine Zielgruppe letztlich mehr, als wenn ich so etwas jede Woche übers Knie breche. Insgesamt ist mein wichtigster Tipp bei diesem Thema:

Starte langsam – und steigere dich dann.

Du fängst also klein an. Das ist besser, als wenn du von Anfang an deinem eigenen Anspruch hinterherhetzt. So arbeitest du eine Weile, bleibst am Ball. Wenn du gut bist, spricht es sich rum. Und wenn du dann viele Rückmeldungen bekommst – und natürlich wenn du ausreichend Energie, Zeit und Inhalte hast –, dann kannst du die Frequenz steigern.

## 8.5 Muss ich ganz allein auf meinen Redaktionsplan achten?

Vielleicht bist du manchmal beruflich in einer anderen Zeitzone unterwegs. Am anderen Ende der Welt weißt du dann gar nicht mehr, welche Tageszeit eigentlich zu Hause gerade herrscht. Oder aber du steckst manchmal ein paar Wochen lang in einem größeren Projekt. Und du hast dann wirklich keinen Kopf dafür, ständig auch noch an deine Personal Brand zu denken. Aber natürlich möchtest du dein Netzwerk trotzdem mit neuem, frischem Content bei der Stange halten. Und kein Posting oder keinen Blog-Eintrag auf deinem Redaktionsplan vergessen.

Kontinuität zeigt deine Verlässlichkeit.

Was kannst du in solchen Fällen tun? Zumindest ein Teil deiner Veröffentlichungen lässt sich mit den richtigen Mitteln ohne Probleme automatisieren. Du kannst etwa das Onlinetool Buffer verwenden, mit dem du zu voreingestellten Zeitpunkten auf Facebook, Twitter oder LinkedIn posten kannst. Wenn dein Blog etwa mit dem Content-Management-System Wordpress gebaut ist, hast du ebenfalls eine Option für automatisierte Veröffentlichungen. Programmiertes Publizieren geht grundsätzlich recht einfach: Bevor du verreist oder in eine intensive Arbeitsphase abtauchst, stellst du eine gewisse Anzahl an Posts inklusive Links und Bildern fertig. In manchen Fällen bietet sich das auch ohne Reise oder Projekt an – etwa wenn du gerade eine sehr kreative Phase hast und viele Posts auf einmal schreibst. Deine Posts fütterst du in eine Wartereihe, zusammen mit Angaben zum Zeitpunkt der geplanten Veröffentlichung. Die Tools speisen diese Veröffentlichungen dann nach den von dir eingestellten Anweisungen in deine Kanäle. Einige Tools beraten dich sogar dazu, welches die besten Zeitpunkte für deine Posts sind. Bei alledem gehst du aber nicht komplett in den Blindflug über, sondern hältst weiterhin ein Auge auf die aktuelle Tageslage. Schließlich kann sich immer mal wieder etwas Überraschendes ergeben. Darauf solltest du ebenso einigermaßen schnell reagieren wie auf Kommentare, Fragen oder andere Rückmeldungen aus deinem Netzwerk. Ganz abtauchen kannst du also nicht.

## 8.6 Wie kann ich meine Erfolge messen und analysieren?

Kommt es überhaupt gut bei deinem Netzwerk an, was du da kontinuierlich machst und tust? Bist du auf dem richtigen Weg, um deine kurzfristigen, mittelfristigen und langfristigen Meilensteine zu den geplanten Zeitpunkten zu erreichen? Das weißt du, wenn du parallel dazu deine Performance misst und analysierst. Je nach Kanal und Medium ist das einfacher oder schwieriger. Die Besucherzahlen bei deinen Liveauftritten auf Podien und Panels beziehungsweise bei Präsentationen und Keynote Speeches werden sich ebenso leicht erheben lassen wie die Verkaufszahlen für ein Buch. Aber bei Büchern weißt du schon nicht mehr, ob und wie intensiv die Käufer das überhaupt lesen. Quasi unmöglich in harten Zahlen zu messen sind die direkten Auswirkungen von Direktkontakten wie Small Talk oder deiner äußeren Erscheinung auf deine Brand.

Am leichtesten kannst du die Performance deiner Online-Medienkanäle messen. Die meisten Plattformen, die du nutzt, bieten entweder von sich aus schon Analysen der Abruf- und Interaktionsraten an. Oder aber du nutzt dazu passende externe Tools. So siehst du leicht, wie viele Nutzer sich deine Postings angesehen und, besser noch, auch darauf reagiert haben, durch Kommentare oder indem sie die Inhalte geteilt haben. Selbst wie lange Nutzer auf deinen digitalen Plattformen verweilen und sich dabei vermutlich auch deine Inhalte angesehen haben, kannst du genau ablesen. Auf diese Weise bekommst du ein Gefühl dafür, ob, in welchem Umfang und sogar von wem du wahrgenommen wirst. Auch die Resonanz auf deine Personal Brand ist wichtig – also was andere über dich schreiben. Mit Media Monitoring über den

Dienst Brandwatch zum Beispiel lässt sich genau sehen, wer was wann und wo über dich, deine Marke oder deine Fachthemen veröffentlicht.

Zusätzlich dazu rate ich dir, dass du auch selber eine Statistik erstellst. Du kannst etwa in einer Excel-Tabelle darüber Buch führen, zu welchen Uhrzeiten welche Inhalte über welche Kanäle bei deinem Netzwerk die meisten Reaktionen hervorgerufen haben. Mit solchen Bilanzen lassen sich noch exakter die effektivsten Wochentage und Tageszeiten identifizieren. Du darfst dabei auch mal ein bisschen experimentieren, etwa indem du ähnliche Posts zu unterschiedlichen Zeiten und Tagen online stellst und dann die Reaktion darauf festhältst. Was gut läuft, machst du genau so wieder.

Du optimierst deine Personal Brand. Immer.

Deine konsistenten Inhalte kommen regelmäßig gut an? Dein Netzwerk schätzt deine kredible Herangehensweise über deine Kanäle und lässt dich das auch spüren? Wenn du das Gefühl hast, dass deine Basis gefestigt ist, dann kannst du auch mal andere Formate und neue Medien ausprobieren. Auch dabei beobachtest du genau, was funktioniert und was nicht funktioniert. Inhalte oder Formate, die auch nach zwei Versuchen nicht zünden und bei denen du vielleicht sowieso kein gutes Gefühl mehr hast, die lässt du ganz schnell wieder fallen. Du forcierst nichts, das du nicht bist. Aber du trittst auch aus deiner Komfortzone heraus. Immer wieder.

Du kannst noch viel mehr werden, als du jetzt bist.

Du bleibst also nicht stehen. Lehnst dich nicht zurück. Schiebst nicht eine ruhige Kugel und machst ab jetzt dein Ding, weil das ja läuft. Sondern bildest dich permanent fort. Liest Fachliteratur, belegst Kurse, lässt dich coachen, besuchst Messen und Kongresse. So bleibst du auf dem neusten Stand und wirst immer besser.

Es gibt keine Pause. Du arbeitest permanent weiter an dir.

## 8.7 Ändert sich meine Botschaft, oder bleibt sie gleich?

Erinnerst du dich noch daran, wie du in der Schule Vokabeln gepaukt hast, egal ob Englisch, Französisch oder Latein? Oder wie du schon in der Grundschule die deutschen Bundesländer und ihre Landeshauptstädte auswendig lernen musstest, später vielleicht ein klassisches Gedicht wie Schillers »Lied von der Glocke«? Wie ging das noch mal? Indem du die Übung wiederholt hast, wiederholt hast, wiederholt hast. Und wiederholt hast.

Wiederholung ist die Mutter des Lernens.

So ähnlich ist es auch mit der Botschaft deiner Personal Brand, also mit deinem Unique Communication Point inklusive deines Was, Wie und Warum. Du bist jemand, du bietest etwas an, du stehst für etwas. Damit diese Botschaft bei deinem Netzwerk hängen bleibt, musst du sie permanent wiederholen. Es ist erwiesen, dass Menschen Entscheidungen für eine Marke im Schnitt erst nach mindestens sieben Kontakten mit dieser Marke treffen. Es können aber auch locker sehr viel mehr Kontakte notwendig sein. Erst nach vielen, vielen Kontaktpunkten bleibt die Botschaft hängen. Du bleibst also dran. Und erzählst immer dieselbe Geschichte über dich und deine Personal Brand. Diese Geschichte darfst du und solltest du natürlich auch mal etwas variieren. Aber die Botschaft im Kern bleibt unverändert. Irgendwann wirst du sie gefühlt schon tausend Mal aufgesagt haben. Und sie nicht mehr hören können. Aber erst dann kommt sie womöglich bei anderen Menschen an. Erst dann nimmt dich jemand wahr. Erst dann setzt derjenige sich beim nächsten Kontakt vielleicht sogar bewusst mit dir auseinander. Und entscheidet dann noch ein paar Kontakte später, die natürlich alle überzeugend gewesen sein müssen, dass er oder sie mit dir eine Geschäftsbeziehung eingeht. Deine Story landet im kollektiven Gedächtnis deiner Zielgruppe – und Kunden, Fans und Follower werden dich irgendwann ganz von allein mit deiner Geschichte in Verbindung bringen.

Erst wer deine Brand kennt, wird dir vertrauen und an dich herantreten.

Der Schlüssel dafür ist Klarheit bei deiner Positionierung. Kredibilität bei deinen Kanälen. Konsistenz bei deinen Inhalten, die stets denselben inneren Zusammenhang haben, dieselbe Kernbotschaft, und immer auf deine Marke einzahlen. Und Kontinuität beim Teilen deiner Inhalte über deine Kanäle.

Konstanz macht deine Marke stark.

## 8.8 Was ist, wenn ich mich grundlegend verändern möchte?

Wer Personal Branding betreibt, legt sich fest. Du hast dich positioniert als die Expertin für dynamische Logistiknetzwerke oder als der Fachmann für kollaboratives Customer Relationship Management. Und das verkörperst du dann vielleicht zwei, vielleicht zehn, vielleicht auch zwanzig Jahre lang sehr erfolgreich. In dieser Zeit aber werden sich dein Fokus, dein Interessengebiet, dein Arbeitsbereich ziemlich sicher langsam und schleichend verändern. Deine Branche, welche auch immer das sein mag, wird wohl kaum über eine Dekade unverändert bleiben. Es kommen Innovationen oder neue Absatzmärkte hinzu, veraltete Technologien fallen weg, Zielgruppen entwickeln neue Präferenzen. Selbst bei strukturell eher konservativen Berufen wie, sagen wir: Hufschmieden oder Konditoren gibt es Trends und technische Innovationen. Vor allem aber bist du ein Mensch.

Menschen bleiben nie ihr Leben lang gleich.

»Man kann nicht zweimal in denselben Fluss steigen«, hat der griechische Philosoph Heraklit einst gesagt. Er meinte damit, dass sich alles und jedes stetig wandelt, also auch der Mensch. Du veränderst dich, deine Lebensumstände verändern sich. Das können gewollte und positive Veränderungen sein. Aber auch Veränderungen, die von außen kommen. Dazu gehören auch kleinere und größere Krisen wie etwa Kündigungen, Pleiten, Scheidungen. Du wirst älter, lernst dazu, hast Rückschläge zu verkraften, gehst gestärkt daraus hervor. Und wenn du dich veränderst, wenn sich dein Arbeitsfeld verändert, dann wird sich auch deine Personal Brand verändern. Verändern müssen. Du und deine Personal Brand, ihr entwickelt euch ständig, und im Idealfall entwickelt ihr euch ständig weiter.

Veränderung ist die einzige Konstante.

Das klingt wie ein Widerspruch dazu, dass Konstanz doch deine Marke stark macht, oder? Ist es aber nicht. Die perfekte Personal Brand findet die richtige Balance aus konstanter Botschaft und permanenter Weiterentwicklung. Gerade weil dir deine Marke treu bleiben soll, musst du sie immer wieder sanft anpassen. Keine Strategie, keine Positionierung bleibt ewig gültig. Also aktualisierst du sie. Deine Personal Brand sollte nicht starr sein, sondern sich dir immer wie eine weiche Hülle anpassen. Und um dich geht es ja im Kern. Darum hinterfragst du das eigene Tun immer wieder. Und updatest deine Personal Brand, wo das notwendig ist. Vielleicht nimmst du neue Kanäle dazu, wirfst andere dafür aus deinem Portfolio. Vielleicht freundest du dich mit neuen Formaten an. Vielleicht wagst du mal etwas Neues, das du vorher noch nie gewagt hast und das du von da an begeistert immer wieder tust. Vielleicht änderst du sogar ganz grundlegend etwas an deiner Positionierung. An deinem Was, an deinem Wie oder sogar an deinem Warum.

Du justierst deine Personal Brand nach. Immer wieder. Immer wieder neu.

Dabei reißt du aber nicht plötzlich das Ruder herum oder machst unüberlegt irgendwelche Cuts. Personal Rebranding funktioniert genauso wie Personal Branding. Das heißt, du leistest dir als Allererstes eine Phase der Reflexion. Findest in Ruhe deinen neuen Unique Communication Point. Und gehst dann wohlüberlegt und strategisch Schritt für Schritt vor. Wenn es zu dir und deiner Brand passt, dann kannst du auch mal eine Sendepause einlegen. Vorher solltest du diese Pause aber ankündigen, und du solltest deinem Netzwerk auch erklären, was du vorhast. Du wirst deinem Netzwerk dann eine veränderte, vielleicht sogar eine neue Geschichte erzählen müssen. Und zu der gehört jetzt auch, wie und warum du dich verändert hast. Du rechtfertigst dich nicht, aber du begründest die Veränderungen selbstbewusst und sachlich. Wenn du wieder auf der Bildfläche erscheinst, dann machst du deine Veränderungen auch klar sichtbar: mit neuem Profilfoto, neuem Design, neuen Online-Auftritten. Deinen alten Content löschst du bei Bedarf, wenn er gar nicht mehr passt.

# Case 12 – meine Erfahrungswerte

## Neuer Markenname für globale Ambitionen

PIABO hat das Travel-Unternehmen Omio beim Rebranding begleitet. Der vorherige Name GoEuro passte nicht mehr, weil das Unternehmen seine Reiseplattform künftig auch außerhalb Europas anbieten wollte. Diesen neuen Ansatz mussten wir in die Markenidentität integrieren. Der Prozess hat mehr als acht Monate gedauert: Analysieren der aktuellen Situation. Namensrechte und Marktfunktionalität überprüfen. Markenziele und interne Kommunikation festlegen. Logos, Webauftritte, Visitenkarten und Werbematerial erstellen. Webseiten und Apps überarbeiten. Und natürlich als Allererstes überhaupt mal einen passenden, geeigneten und verständlichen Namen finden. Dabei musste Omio zwischen zweihundert Vorschlägen entscheiden.

Ein Rebranding ist wie ein neuer Anstrich, wie frische Farbe für ein neues Raumgefühl – doch der Raum beziehungsweise der Markenkern bleibt oft derselbe. Omio spricht mit seiner neuen Marke und Marketingstrategie neue Kunden und Investoren ebenso an wie Medien, etwa Reisemagazine oder Wirtschafts- und Finanzpublikationen. Das zeigt: Ein Rebranding muss zum Markenkern passen – und zugleich immer die Zielgruppe im Auge behalten.

Du hast den potenziellen Industriepartner verschreckt, weil du die Markt-chancen deines Start-ups zu selbstkritisch eingeschätzt hast, und jetzt sind deine Investor:innen sauer? Du hast aus Versehen deine Produktstrategie für das kommende Jahr vor Journalist:innen verraten? Im Laufe deines Berufs-lebens werden dir, wie jedem Menschen, Fehler unterlaufen. Und mitunter sind diese Fehler so gravierend, dass sie deine Personal Brand beschädigen. Im Fall einer solchen Krise wirst du etwas schneller reagieren müssen als bei einem geplanten Rebranding. Was dann richtig ist und was nicht ratsam, das hängt sehr vom konkreten Fall ab. Bist du ein erst seit Kurzem aktiver You-Tube-Influencer oder eine langjährig etablierte Change-Managerin bei der Deutschen Bahn AG? Erhebt jemand schwere Vorwürfe gegen dich, oder hörst du eher unterschwelliges Gemurre? Stehen deine Branche oder dein Unter-nehmen sehr im Fokus der Öffentlichkeit? Hast du Fürsprecher? Wie war dein öffentliches Standing vor der Krise? Und, ganz wichtig, hast du die Krise sel-ber verursacht oder wurde sie von außen herangetragen. Also: Kannst du was dafür oder nicht?

Wenn du unverschuldet in eine Krise geraten bist und das auch öffentlich klarmachen kannst, bringen die Menschen eher Verständnis für dich auf. Wenn du dagegen selber Mist gebaut hast, dann kann die erste wichtige Maßnahme eine aufrichtige Entschuldigung bei allen Betroffenen sein. Und dann brauchst du schnell eine gute Geschichte, die transparent die Umstän-de klarmacht, wie es zu dem Problem kommen konnte. Alle Fakten müssen auf den Tisch. So wie es die Vegan-Influencerin gemacht hat, nachdem sie beim Fischessen im Restaurant gesichtet worden war. Keine Ausflüchte und fadenscheinigen Begründungen. Du zeigst Reue. Gelobst ernsthaft Besse-rung. Kündigst an, was du künftig anders und besser machen willst. Und skizzierst damit einen Weg nach vorn. Unter Umständen ist es an diesem Punkt ratsam, dass du deine Brand eine Zeit lang aus dem Rampenlicht der Öffentlichkeit zurückziehst. In dieser Zeit zeigst du durch konkrete, hand-feste Taten, dass du es ernst meinst mit dem Rebranding. Wenn du merkst, dass dir deine Zielgruppe wieder mehr vertraut und du wieder eine Reputa-tion aufbaust, kannst du deine Rückkehr angehen. Erst mal mit bescheidenen kleinen Schritten. Mit Geduld und Demut. Und irgendwann geht es dann wieder bergauf für dich.

Deine Personal Brand ist wieder auf der Spur.
Du bist auf dem Weg zu deinem Ziel.

## 8.9 Wann ist mein Personal Branding endlich an der Ziellinie?

Natürlich hast du Ziele mit deiner Personal Brand. Übergreifende, eher allgemein gehaltene Ziele wie »mehr Erfolg« oder »mehr Öffentlichkeit für meine Anliegen«. Aber auch konkret benennbare Ziele, die wir unterteilt haben in kurzfristige, mittelfristige und langfristige Ziele. Natürlich wirst du auch zumindest einige dieser Ziele durch dein Personal Branding erreichen. Hoffentlich sogar alle. Aber was wirst du tun, nachdem du diese Ziele erreicht hast? Lässt du alles fallen, sagst alles ab und ziehst dich auf eine einsame Insel zurück? Vermutlich nicht. Vermutlich setzt du dir danach die nächsten Ziele. Übergreifende Ziele. Und konkrete, benennbare Ziele.

Dein Personal Branding wird darum zu einem fortwährenden Prozess, zu einem Teil deines Lebens. Nicht nur, weil du deine Netzwerke permanent pflegen musst. Sondern vor allem, weil du dich immer wieder fragen wirst: Was gibt es noch? Was ist noch in der Tüte? Welche Möglichkeiten hält das Leben noch für mich bereit? Wie weit kann ich kommen? Was kann ich erreichen? Zumindest bei diesem Buch bist du jetzt kurz vor der Ziellinie: Du hast es fast komplett durchgelesen. Personal Branding aber hat keine Ziellinie.

Wenn du Personal Branding ernst nimmst, ist es nie vorbei.

## 8.10 Und welche Fragen hat Tilo Bonow zum Abschluss an mich?

Bevor du aber zumindest die Ziellinie dieses Buchs überschreitest, habe ich ein letztes Mal Fragen an dich als Leser oder Leserin. Deine Antworten darauf können dir in schriftlicher Form eine Leitlinie geben für diesen letzten Abschnitt deines Personal-Branding-Prozesses.

- Welche Ressourcen an Geld und vor allem Arbeitszeit planst du für dein Personal Branding ein?
- Welche kurzfristigen, mittelfristigen und langfristigen Ziele willst du erreichen?
- Wie sieht dein realistischer Plan inklusive Pufferzeiten zum Erreichen dieser Benchmarks aus?
- Wie willst du überprüfen, ob du diese Benchmarks erreicht hast?
- Wie sieht dein Redaktionsplan aus, mit dem du alle ausgewählten Kanäle mit den passenden Inhalten zu den richtigen Zeitpunkten bedienst, und zwar über die kommenden Monate oder das gesamte kommende Jahr?
- Was sind die besten Zeiten, um dein Netzwerk zu kontaktieren?
- Mit welchen Mitteln und Maßnahmen misst du deine Performance?
- Wie bildest du dich fort und entwickelst dich weiter?
- Auf welche Weise reagiert deine Personal Brand auf Veränderungen bei dir oder deinem beruflichen Umfeld?
- Wie reagierst du mit deiner Brand auf Krisen?
- Wie findet deine Personal Brand die richtige Balance aus Konstanz und permanenter Weiterentwicklung?
- Wie machst du deine Personal Brand zu einem Teil deines Lebens?
- Und wenn du all deine Ziele erreicht hast, was wird für dich als Nächstes kommen?

# 9.
# Also, wie war das noch mal?

■ ■ ■ ■ ■ ■ ■ ■ ■ ■ ■ ■ ■ ■ ■ ■ ■ ■ ■ ■ ■ ■

Hinter dir drängen sich die Leute, sie schubsen und schieben. Vor dir öffnet sich die Tür. Du straffst deine Schultern und trittst ein. Sofort fällt die Tür wieder ins Schloss, die anderen müssen weiter draußen warten. Aber du bist drinnen, endlich. Oder, um bei dem Bild vom Anfang dieses Buchs zu bleiben: dabei, auf der begehrtesten Party, der angesagtesten Veranstaltung, dem wichtigsten sozialen Ereignis für dich und dein Umfeld. Im Inner Circle. Also da, wo du von Anfang an hinwolltest. Das Beste hier sind die anderen Gäste, wegen denen du ja eigentlich hier bist. Spannende neue Leute mit spannenden Jobs und Aufgaben und Verantwortungsbereichen. Am Ende der Veranstaltung sind sie vielleicht neue Freunde von dir geworden. Oder eventuell sogar neue Business-Kontakte. Diese neuen Connections bedeuten neue Möglichkeiten, Gelegenheiten und Chancen. Dir winkt vielleicht eine Beförderung, ein lohnenswerter Auftrag, ein größerer Kundenkreis. Mehr Absatz, Umsatz, Einkommen. Der Geschäftsabschluss deines Lebens. Oder vielleicht auch einfach neue Erfahrungen, neue Learnings, neue Fans und Follower. In jedem Fall wird es sich gelohnt haben.

Wie hast du es hierher geschafft? Wie bist du so weit gekommen? Du hast den Schritt in die richtigen Kreise gemeistert, weil dich die Verantwortlichen auf dem Schirm hatten. Sie wussten, wer du bist, wofür du stehst, was du machst, wie du es machst. Und warum du es machst. Sie kannten also deinen Unique Communication Point mit deinem Was, deinem Wie und deinem Warum. Dein Name und deine Story ploppten in ihrem Kopf auf, als sie ihre Kontaktliste zusammengestellt haben. Und so haben sie dich angesprochen. Weil du dich bewusst und strategisch als Autorität mit bestimmten Werten, Erfahrungen und Kompetenzen in der Wahrnehmung deine Zielgruppe positioniert hast. Du hast dir also mit Personal Branding deinen Weg geebnet. Denk mal zurück an unsere Definition vom Anfang dieses Buchs:

**Personal Branding** bezeichnet den aktiven Prozess, mit dem sich ein Mensch klar über sein einzigartiges und kredibles Wertversprechen von der Masse abhebt, und zwar indem er oder sie dieses Wertversprechen konsistent darstellt und es dann kontinuierlich über unterschiedliche Plattformen online wie offline seiner Zielgruppe unterbreitet.

Die Personal Brand ist das Resultat all der Schritte in diesem Prozess.

Es ist klug, dass du diesen Prozess bewusst in die Hand genommen hast. Denn deine Personal Brand ist immer präsent, und andere nehmen sie wahr – ob du es möchtest oder nicht. Jeder Mensch hat eine Personal Brand, und sie beeinflusst, wie andere Menschen auf dich zugehen und mit dir umgehen.

Die Frage ist: Reaktion oder Kreation?

Beide Worte bestehen aus den gleichen Buchstaben. Aber das eine bedeutet, dass du deiner Personal Brand hinterherrennst und auf ihre Aktionen nur reagieren kannst. Und das andere, dass du deine Marke in die Hand nimmst und sie aktiv gestaltest. Du hast dich für das aktive Gestalten entschieden. Und du bist die vier Schritte gegangen, die ich in diesem Buch beschreibe:

Erstens: Du hast deine **Positionierung gefunden**, mit der du dich **klar** positionierst.
Dafür hast du als Erstes festgelegt, welches Ziel oder welche Ziele du überhaupt mit Personal Branding erreichen möchtest. Du hast identifiziert, wer genau von deiner Personal Brand erfahren soll, und deine spezifische Zielgruppe ausgemacht. Du hast nachgedacht über deine besonderen Fähigkeiten, Stärken, Erfahrungen – also über deine Positionierung. Du hast deinen Unique Communication Point mit deinem Was, deinem Wie und deinem Warum herausgearbeitet. Und schließlich hast du aus deinem Unique Communication Point noch deinen kürzeren Markenclaim und dein längeres Markenversprechen oder Mission Statement abgeleitet.

Zweitens: Du hast die passenden **Kanäle aufgebaut**, über die du deinen Unique Communication Point **kredibel** kommunizierst.

Dafür hast du zunächst die richtigen Kanäle ausgewählt, um deine Zielgruppe glaubwürdig mit deiner Positionierung anzusprechen. Du hast Direktkontakte und Medienkanäle eingerichtet und aktiviert – vor allem Social Media, die dich unmittelbar und zielgenau mit deiner Zielgruppe vernetzen können. Und du hast schließlich noch daran gearbeitet, deine Direktkontakte und deine Medienkanäle zu einem schlüssigen Ganzen zusammenzuführen.

Drittens: Du hast diese **Kanäle gefüllt** mit deinen **Inhalten**, die **konsistent** auf deinen Unique Communication Point einzahlen.

Dafür hast du als Erstes ein Netzwerk ins Auge gefasst und erste Kontakte zu Mitgliedern dieses Netzwerks hergestellt. Mit diesen Netzwerk-Kontakten hast du zunächst fremde Inhalte sowie bald darauf auch eigene Inhalte geteilt, die deckungsgleich mit deiner Positionierung sind. Du hast dich mit der Vermittlung deiner Inhalte über Storytelling in unterschiedlichen Grundformen und mit unterschiedlichen Aufbauformen beschäftigt. Du hast darüber nachgedacht, inwiefern du bei deinen Inhalten polarisieren kannst und um welche Themen du besser einen großen Bogen machst.

Viertens: Und du **teilst** von nun an deine **Personal Brand** weiter, indem du **kontinuierlich** dranbleibst.

Dafür hast du zunächst einen realistischen Zeitplan mit ausreichend Puffer sowie Geld- und Arbeitszeit-Ressourcen aufgestellt. Du hast dein großes Ziel beim Personal Branding unterteilt in Meilensteine. Du hast die kurzfristigen, mittelfristigen und langfristigen Etappenziele festgelegt. Du hast einen Redaktionsplan aufgestellt. Du hast herausgefunden, wie du deine Erfolge messen und analysieren kannst. Du hast dir klargemacht, wie du auf Gegner, Kritiker und Krisen reagieren wirst. Du hast dir Gedanken darüber gemacht, ob und wie du künftig größere Änderungen an deiner Personal Brand umsetzen kannst. Und vor allem hast du beschlossen, ab jetzt beharrlich, unentwegt und unermüdlich am Ball zu bleiben.

| Klar, kredibel, konsistent, | | Klarheit bei deiner Positionierung. |
|---|---|---|
| kontinuierlich. | = | Kredibilität bei deinen Kanälen. |
| Finden, aufbauen, füllen, teilen. | | Konsistenz bei deinen Inhalten. |
| | | Kontinuität beim Weitermachen. |

All diese Punkte sind wichtig. Warum? Eine Personal Brand ist wie ein Konto bei einem Kreditinstitut, das auf Englisch ja sehr passend »Trust Bank« heißen kann: Vertrauensbank. Jeder einzelne der Schritte und jede einzelne der Maßnahmen, über die wir in diesem Buch gesprochen haben, zahlen auf dieses Konto ein. Immer wieder eine kleine Summe. Irgendwann ist dein Vertrauenskonto bei dieser Bank gut gefüllt. Und du kannst allein mit den Zinsen weiterarbeiten. Mit dem Vertrauen deiner Ansprechpartner in dich. Darum war und ist jeder einzelne Schritt wichtig. Ab hier, ab dieser Stelle in deinem Personal-Branding-Prozess, solltest du vor allem den letzten Punkt im Auge behalten: Weitermachen! Man kann die Entwicklung deiner Brand nämlich auch wie einen Fahrstuhl verstehen. Mit dem bist du jetzt ganz nach oben gefahren. Und von da aus kannst du nur oben bleiben – oder es geht zurück nach unten. Also:

Bleibe dran. Und bleibe oben.

Es zahlt sich in harter Währung aus, wenn du von nun an dafür sorgst, dass du zur Spitze gehörst. Oder sogar die Spitze bildest. Es heißt schließlich nicht umsonst: »The winner takes it all«. Die Leute kommen nicht zum Zweitbesten, wenn sie stattdessen auch den Besten oder die Beste haben können. Niemand, der sein Marktumfeld analysieren lassen möchte, ordert eine Studie bei der zweitbesten Analystin. Kein Häuslebauer bestellt handgefertigte Möbel beim zweitbesten Tischler. Und der Mittelständler wäre schlecht beraten, wenn er seine IT-Dienstleistungen beim zweitbesten Anbieter bestellen würde.

Die Leute wollen den Ersten, die Beste. Und das kannst du sein!

Und das künftig mehr als jemals zuvor. Je mehr Technologie unser Leben bestimmen wird, desto mehr wird es auf echte Menschen mit echten Persönlichkeiten ankommen. Auch wenn uns Künstliche Intelligenz in Zukunft ziemlich sicher immer mehr von den langweiligen Routineaufgaben abnehmen wird, die jeder Job parat hält. Denn gerade deshalb wird erfolgreiche zwischenmenschliche Interaktion immer mehr zur Königsklasse, die über Erfolg oder Misserfolg entscheidet. Mit Mitgefühl, Überzeugungskraft, Kreativität und Verhandlungsgeschick. Von dir als Individuum mit einer authentischen Persönlichkeit, die du mit einer strategisch angelegten Darstellung auch nach außen vermittelst. Ebendarum ist Personal Branding besonders wichtig für Zukunftsmacher. Für jene Agenten des Wandels also, die in Zukunft unser Leben und unsere Arbeit, unsere Wirtschaft und unsere Kultur mitbestimmen werden – durch neue Technologien, neue Herangehensweisen, eine neue Denke. Wichtig für dich also, wenn du zum Beispiel deine erste Führungsposition als Projektleiterin, als Abteilungsleiter oder vielleicht sogar als CEO antrittst. Für dich, wenn du gerade endlich dein Start-up aus der Taufe gehoben hast. Für dich, wenn du dein Familienunternehmen übernimmst. Als Zukunftsmacherin oder als Zukunftsmacher wirst du schon jetzt intensiv mit digitalen Technologien arbeiten. Der Grad an Digitalisierung wird künftig noch zunehmen. Und damit auch das digitale Rauschen, in dem andere so schnell untergehen. Du mit deiner gut aufgebauten und geführten Personal Brand stichst du ab jetzt aus diesem Rauschen heraus. Und sendest stattdessen ein klares Signal.

Hier bin ich. Das kann ich. Es lohnt sich, mir zu vertrauen.

Du bist weit gekommen. Sicher hast du es vor allem durch viel Einsatz bis hierhin geschafft. Mehr oder minder allein, aus eigener Kraft. Einen Tipp möchte ich dir darum noch mit auf den Weg geben:

Bleibe nicht allein – bilde Banden! Oder zumindest Communitys.

Egal, ob du Start-up-Gründer bist, Selbstständige oder Angestellter – du solltest in Erwägung ziehen, dich mit Gleichgesinnten mit denselben Interessensgebieten zu starken Communitys zu verbinden und zu verbünden. Bei dir im Unternehmen oder auch bei anderen Unternehmen aus demselben Metier. Das Ergebnis kann ein neuer eingetragener Fachverband sein oder ein regelmäßiger Branchen-Stammtisch in eurer Lieblingsbar. Eine offizielle Kooperation oder eine inoffizielle Mittagspausen-Connection. In jedem Fall werdet ihr euch gegenseitig pushen können und euch so gemeinsam als Corporate Influencer nach innen und nach außen sichtbarer machen.

Und auch deinen Personal-Branding-Prozess musst du nicht unbedingt allein durchziehen. Es ist absolut keine Schande, wenn du dir Hilfe holst von ausgewiesenen Spezialisten und Expertinnen, um bestimmte Aufgaben und Herausforderungen während deines Personal Brandings zu bewältigen. Niemand kann alles selber und muss alles selber machen. Ich habe dir ja bereits zu Coaches für deine Positionierung, zu professionellen Fotografen für deine Profilbilder oder zu einem guten Grafikdesigner für deine Corporate Identity geraten. Ebenso zu Fachliteratur, um deine Rhetorik-Skills oder deine Schreibfähigkeiten zu optimieren. Dazu kannst du auch Freelancer als Ghostwriter für Whitepaper, Studien oder Bücher in Erwägung ziehen. Vielleicht sogar eine PR-Agentur, um dich und deine Themen strategisch und koordiniert bei relevanten Medien ins Spiel zu bringen. Auch starke Partner können eine Hilfe sein, mit denen du Inhalte austauschst oder die du bezahlst, um deine Themen auf ihren Plattformen platzieren zu können.

Zusammen mit anderen bist du stärker.

So, und nun haben wir erst mal genug geredet. Herzlichen Glückwunsch, dass du es bis hierhin geschafft hast! Herzlichen Glückwunsch zu deiner Personal Brand! Das hier ist ja quasi die Abschlussparty deines Personal-Branding-Prozesses. Also viel Spaß. Feiere dich. Feiere deine neue Brand. Und feiere deine künftigen Erfolge. Du hast es dir verdient!

Bis du dich morgen wieder auf deinen Hosenboden setzt und weitermachst.

# Literaturquellen

Simon Bailey, Andy Milligan (2019): Myths of Branding. A Brand is Just a Logo, and Other Popular Misconceptions. Kogan Page, London, UK.

Ann Bastianelli (2017): Powerful Personal Branding. TEDxWabashCollege, https://www.youtube.com/watch?v=hcr3MshYe3g, abgerufen am 7. Januar 2021.

Jon Christoph Berndt (2014): Die stärkste Marke sind Sie selbst! Schärfen Sie Ihr Profil mit Human Branding. Kösel Verlag, München.

Börsenverein des deutschen Buchhandels (2020): Buch und Buchhandel in Zahlen 2020. MVB, Frankfurt am Main.

Joseph Campbell (1949): The Hero with a Thousand Faces. 3. Auflage 2008, New World Library, Novato, USA.

Lida Citroen (2011): Reputation 360. Creating Power Through Personal Branding. Palisades Pub Lida360, Greenwood Village, USA.

Dorie Clark (2013): Reinventing you. With a new preface: Define your brand, imagine your future. Harvard Business Review Press, Brighton, USA.

Thomas Gad, Anette Rosencreutz (2002): Managing Brand Me. How to Build Your Personal Brand. Momentum, WC2E, London, UK.

Oliver Grytzmann (2018): Storytelling mit der 3-Akt-Struktur. Wie Sie mit der 3-Akt-Struktur authentische Geschichten erzählen und Kunden sowie Mitarbeiter binden. Der Leitfaden. Springer, Heidelberg.

Cynthia Johnson (2019): Platform. The Art and Science of Personal Branding. The Crown Publishing Group, New York, USA.

Austin Kleon (2014): Show your work! How to share your creativity with the world. Adams Media, New York, USA.

Philip Kotler et al. (2011): Grundlagen des Marketing. 5. aktualisierte Auflage, Pearson Studium ein Imprint von Pearson Deutschland, München.

Marktforschung.de (2013): Interview mit Prof. Dr. Karsten Kilian. https://www.marktforschung.de/dossiers/themendossiers/marke-und-markenfuehrung/dossier/interview-mit-prof-dr-karsten-kilian-markenlexikoncom, abgerufen am 7. Januar 2021.

Albert Mehrabian (1971): Silent Messages. Implicit Communication of Emotions and Attitudes. Wadsworth Publishing Co Inc., Hampshire, UK.

Kaplan Mobray (2009): The 10Ks of personal branding. (K)reate a better you. iUniverse, New York, USA.

Marty Neumeier (2005): The brand gap. How to bridge the distance between business strategy and design. 2. Auflage, Pearson Education Limited, London, UK.

Friedrich Nietzsche (1889): Götzen-Dämmerung oder Wie man mit dem Hammer philosophiert. Herausgegeben von Karl Schlechta, 10. Auflage, Insel Verlag, Berlin.

Tijen Onaran (2020): Nur wer sichtbar ist, findet auch statt. Werde deine eigene Marke und hol dir den Erfolg, den du verdienst. Goldmann, München.

Tom Peters (1997): The Brand Called You. https://www.fastcompany.com/28905/brand-called-you, abgerufen am 7. Januar 2021.

Daniel Priestley (2014): Key person of influence. The five step method to become one of the most highly values and highly paid people in your Business. Revised Edition, Rethink Press, Gorleston-on-Sea, UK.

Lydia Ramsey, Samantha Lee (2018): Our DNA is 99.9% the same as the person next to us – and we're surprisingly similar to a lot of other living things. https://www.businessinsider.de/international/comparing-genetic-similarity-between-humans-and-other-things-2016-5/?r=US&IR=T, abgerufen am 7. Januar 2021.

Al Ries, Jack Trout (2000): Positioning. The battle for your mind. McGraw-Hill Education, New York, USA.

Christoph Rottwillm (2015): 10 Weisheiten von Warren Buffett. Umgib dich mit Leuten, die besser sind als du selbst. https://www.manager-magazin.de/finanzen/artikel/warren-buffett-10-weisheiten-ueber-leben-und-erfolg-a-1056799.html, abgerufen am 7. Januar 2021.

Riccardo Sabatini (2016): How to read the genome and build a human being. https://www.ted.com/talks/riccardo_sabatini_how_to_read_the_genome_and_build_a_human_being, TED-Talk, Februar 2016, abgerufen am 15. Februar 2021.

Jürgen Salenbacher (2013): Creative Personal Branding. Create opportunities, grow personally, differentiate yourself. BIS Publishers, Amsterdam, Niederlande.

Arthur Schopenhauer (1839): Preisschrift über die Freiheit des Willens. Herausgegeben von Hans Ebeling, Meiner Verlag für die Philosophie, Hamburg.

Benjamin Schulz (Herausgeber) (2019): Das große Personal Branding Handbuch. Strategie. Marketing. Vertrieb. Text. Foto. Visualisierung und Design. Image und Wirkung. Rhetorik. Körpersprache. Campus, Frankfurt am Main.

Ruth Sherman (2015): Speakrets. The 30 best, most effective, most overlooked marketing and personal branding essentials. Norsemen Books, Old Greenwich, UK.

Simon Sinek (2009): Start with why. How great leaders inspire action. https://www.ted.com/talks/simon_sinek_how_great_leaders_inspire_action, abgerufen am 7. Januar 2021.

Christopher Spall, Holger J. Schmidt (2019): Personal Branding. Was Menschen zu starken Marken macht. Springer Gabler, Wiesbaden.

Hermann H. Wala (2018): Ich, endlich einzigartig. Authentisch. Persönlich. Echt. Wie du zur Marke wirst und im Gedächtnis bleibst. Redline Verlag, München.

Paul Watzlawick (1972): Five Axioms of Communication. In: Gregory Bateson (2000): Steps to an Ecology of Mind. Collected Essays in Anthropology, Psychiatry, Evolution, and Epistemology, University of Chicago Press, Chicago, USA.

Natalia Wiechowski (2020): Personal Branding mit LinkedIn. Die Think Natalia-Methode. Independently published.

Janine Willis, Alexander Todorov (2006): First impressions: Making up your mind after 100 ms exposure to a face. https://journals.sagepub.com/doi/10.1111/j.1467-9280.2006.01750.x, abgerufen am 7. Januar 2021.

Denise Lee Yohn (2014): What great brands do. The seven brand-building principles that separate the best from the rest. Jossey-Bass, San Francisco, USA.

### Bücher, um deine Rhetorik zu verbessern

Peter Baumgartner, Eva Shata-Aichner (2018): Rede. Vorträge, die berühren, begeistern und bewegen. 2. Auflage, BusinessVillage, Göttingen.

Michael Ehlers (2018): Rhetorik. Die Kunst der Rede im digitalen Zeitalter. books4succes, Kulmbach.

Monika Matschnig (2019): Körpersprache. Macht. Erfolg. 2. Auflage, Gabal Verlag, Offenbach.

### Bücher zum richtigen und verständlichen Schreiben

Wolf Schneider (2011): Deutsch für junge Profis. Wie man gut und lebendig schreibt. rororo Taschenbuch, Hamburg.

# REDE!

Peter Baumgartner, Eva Shata-Aichner
**REDE**
Vorträge, die berühren, begeistern und bewegen
3. Auflage 2021

188 Seiten; Broschur; 24,95 Euro
ISBN 978-3-86980-401-9; Art.-Nr.: 1035

Für den ersten Eindruck gibt es keine zweite Chance. Das gilt auch für freie Reden, Vorträge und Präsentationen. Binnen Sekunden beurteilt das Publikum, ob es gewillt ist einer Stimme und damit den Argumenten zu folgen. Der Auftritt ist das optische Erscheinungsbild. Die Stimme ist die akustische Visitenkarte. Beides lässt sich trainieren und perfektionieren.

Wie sprechen Menschen sicher und mit hoher Qualität? Wie baut man Vorträge und Reden perfekt auf? Wie faszinieren und überzeugen Vortragende inhaltlich?

Antworten darauf liefern Peter Baumgartner und Eva Shata-Aichner. Die Autoren zeigen, wie man Emotionen auslöst, souverän spricht und sich gekonnt auf der Bühne bewegt. Denn nur wer das beherrscht, erreicht seine Zuhörer und hinterlässt einen nachhaltigen Eindruck.

# Lean Presentation

Peter Daiser
**Lean Presentation**
Das Playbook für schlanke Präsentationen
1. Auflage 2019

246 Seiten; Broschur; 24,95 Euro
ISBN 978-3-86980-446-0; Art.-Nr.: 1065

Manche Präsentationen sind großartig – die meisten jedoch leider einfallslos, langweilig und ohne klare Message. Obwohl sie mit großem Aufwand erstellt wurden, verfehlen sie die gewünschte Wirkung und verschwinden sang- und klanglos – als ob es sie nie gegeben hätte.

Warum ist das so? Was macht eine wirklich gute Präsentation aus? Und wie machen wir es besser?

Antworten darauf liefert Daisers neues Buch. Der Professor und Berater räumt mit dem Irrglauben auf, dass Präsentationen vollständige Informationsunterlagen sein müssen und nur wunderschön gestylte Folien enthalten dürfen, die Emotionen transportieren. Er beschreitet einen anderen Weg. Mit seiner einfachen, systematischen und praxiserprobten Vorgehensweise lassen sich zügig inhaltlich und visuell überzeugende Präsentationen gestalten – selbst zu komplexen Sachverhalten.

In diesem Playbook steckt das geballte Erfahrungswissen für schlanke Präsentationen, die begeistern.